“园林国手”造园技能系列丛书

NATIONAL LANDSCAPE DESIGN CONTEST AWARD
CASE ANALYSIS OF GUOSHOU GARDEN CUP

全国园林景观设计大赛获奖案例解析图鉴

园林国手杯

李 夺 主编

中国农业出版社
CHINA AGRICULTURE PRESS
北 京

编写委员会

主　编：李　夺

副主编：李运远

参　编：于桂芬　戈晓宇　王　剑　刘　嘉　刘伽宁　刘柏辰　刘书洋　刘永会
孙　伟　乔　程　汪仕洋　李　静　沈　丰　罗　盛　赵默涵　张　辉
郝跃龙　姜浩野　唐　浪　郭　磊　徐洪武　常孟尧　韩　旭　靳　源
雷彩云　潘江琼　戴启培

序言一

随着中国社会进步和经济的快速增长，风景园林已经成为国家建设与发展不可或缺的重要行业，在城市生态环境建设、人居环境建设方面承担着重要的职责。风景园林行业也出现了多种建设内涵，其中私家庭园这种形式也伴随着人民生活水平的提高孕育而生。

2019年，习近平总书记指出："坚持以人民为中心，聚焦人民群众的需求，合理安排生产、生活、生态空间，走内涵式、集约型、绿色化的高质量发展路子，努力创造宜业、宜居、宜乐、宜游的良好环境，让人民有更多获得感，为人民创造更加幸福的美好生活"。这一重要论述，深刻揭示出新时代我国城市建设的宗旨、主体、重心和目标，阐明了我国城市建设和人居环境建设的目标，也为私家庭园的建设指明了方向。

初次接触"园林国手"是应本书主编李夺先生邀请编写序言，拜读本书内容后，我发现"园林国手"不仅是一个具有影响力和象征意义的行业品牌，更是一个侧重于园林园艺高技能人才培养的平台，对于行业企业间技术交流、院校专业人才培养、校企深度合作均具有积极的意义。"园林国手"平台组织的比赛为学生提供了学习、展示、交流的机会，展会中的作品传播了私家庭园的设计倾向、建设质量和水平。

本书是"园林国手"举办景观设计类赛项中获奖作品的案例解析图鉴。设计作品在展现宜居性的同时，充分注重地域性、特色性和私密性的表达，在私家庭园的文化追溯、诠释方面的探索更有独特之处。设计作品在概念设计的基础上，强化对施工难易度、工程量和项目可实施性的考量。本书也是一本以融汇景观设计与景观施工为特色的书籍，对私家庭园及相关的景观设计均具有良好的借鉴作用。相信读者可以从这90个优秀作品中有所收获、有所衍生，创造出更加绿色生态、美丽和谐的园林作品。

李 雄

序言二

中华文明源自古老的农耕文明，定居后，人类开始建造自己的固定居所，庭院在居住环境内扮演着重要角色，除基本的物理功能外，它还体现了主人的格调、情趣、价值观甚至志向。伴随经济发展和人类生活水平的不断提高，人们对居住环境的要求达到历史最高水平，居住环境显得越来越重要。作为微生态景观，庭院景观因其场地小、生活联系紧密、实用功能强等因素区别于公共景观设计。

作为世界技能大赛园艺项目中国造园技能大赛国际邀请赛的重要组成部分，“国手杯”景观设计大赛目前已举办3届，本书收录了大赛90幅金奖和入围作品。纵观整个作品集，主要有以下特点：

一、立意精妙，内容丰富。作品中蕴含了各种奇思妙想，妙趣横生，充分展示了作者的个性和生活态度。同时，作品中包含了砌筑、铺装、木作、水景、植物景观营造五大景观模块，更增添了作品的层次感和生动性。

二、图文并茂，实用性强。作品图文并茂，易看易懂，并配有专家或老师的精到点评，使读者能够深入了解庭院文化内涵以及操作要点。同时，作为中国造园技能大赛国际邀请赛比赛用图，“国手杯”景观设计大赛作品具有较强的操作性、观赏性、科学性。

三、双重把关，严格筛选。“国手杯”景观设计大赛目前已举办3届，共收到参赛作品166幅。大赛组委会聘请世界技能大赛园艺项目专家及国内专业大咖研究制订审慎的评审计划、科学的评审标准、严格的评审流程，经过预审、终评两道程序，从参赛作品中精选出优秀作品。本书收录的即为3届大赛中90幅金奖和入围作品。

之所以对本书有如此之高的评价，除优秀的作品本身外，还源自对“园林国手”的了解。“园林国手”自创立之初，就把风景园林行业人才培养作为其使命，即“育高能人才，塑大国工匠”。园林国手整合世界技能大赛和行业各方资源，聚焦实操技能培训，利用标准化培训体系培养标准化人才。作为培训和比赛重要的组成部分，设计图纸显得尤为重要，除承载传统园林园艺文化内涵外，对其设计风格、设计精度以及材料选择都有极高要求。因此，本书适合园林相关专业学生、景观设计师以及庭院爱好者阅读，它将带领读者通往一个神奇美丽、五彩斑斓、妙趣横生的庭院景观奇妙世界。

莫广刚

前言

2017年9月15日，习近平总书记在上海申办第46届世界技能大赛时讲到，当今世界正处在一个大发展大变革大调整的时代，各国要实现经济社会更好更快发展，必须拥有一大批高素质技能人才，通过世界技能大赛进一步激发全国民众对技能重要性的认识和重视，中国政府将为46届世界技能大赛提供一切方便和条件。

2017年10月，是中国园艺项目第一次出征世界技能大赛（被誉为“技能届的奥林匹克”），2名选手在22个小时的激烈竞赛中顺利突出重围，突破中国园艺项目奖牌零纪录，摘得铜牌。在两年备赛、一场盛赛的无数经验下，园艺项目中国技术指导团的专家们深刻意识到中国园艺项目竞赛水平需要提高、竞赛实力需要加强，国内整体竞赛需要交流。为打开国内外园艺技能交流学习的渠道，促进国内院校园艺项目竞赛水平提升，提供一个免费学习交流的行业展示平台，园艺项目中国技术指导团的专家组成员成立“园林国手”，并联合行业企业组织世界技能大赛园艺项目国际邀请赛。

为满足国内世界技能大赛园艺项目国际邀请赛，即“园林国手”造园施工大赛比赛需求，并在国内发掘更多、更好的景观设计师以及庭院设计方案，“园林国手”发起并组织了3场国手杯景观设计大赛，设计主题包括“鲁·韵”“秘の花境、ME的花园”“丝路花语，锦绣中华”。参赛作品需根据组委会提供的主题和材料备选清单，充分利用地形、植物、水体、园林建筑物等构景要素，设计一处开放式生态庭院，并且均衡构思铺装、砌筑、木作、水景、植物种植等各工序，在满足创意构思、景观结构合理、可实现性强、成型效果好的同时，考虑作品落地时施工难度与施工周期问题。在满足设计需求的同时，也要求设计师掌握基本的项目造价以及施工认知，较综合地考评了参赛设计师的设计水平。

本书共90幅设计作品，其中前14幅为金奖作品，包括设计效果展示、作品介绍、施工图展示、实景展示以及作品点评；后76幅为优秀作品，从效果图展示、作品介绍以及作品点评角度进行展示。各作品构思、表现风格迥异，用90种不同的方式打开7m×7m的小庭院景观，读者可从中以小见大，由微观宏，帮助读者拓宽设计思路、学习简单庭院设计。

本书作为高等院校环境艺术设计及相关园林类专业参考书籍，能较好地丰富国内园林景观设计与施工竞赛中参加设计赛项与施工赛项选手的训练题库，使其掌握不同类型景观的设计与施工。同时，本书还可供相关从业人员、庭院设计爱好者阅读参考，丰富构思。

由于设计师水平不同，再加上设计主题以及供材的限制，作品表现难免有不足之处，恳请各位读者不吝指正。

目录
CONTENTS

PART1
金奖作品
GOLD WORKS

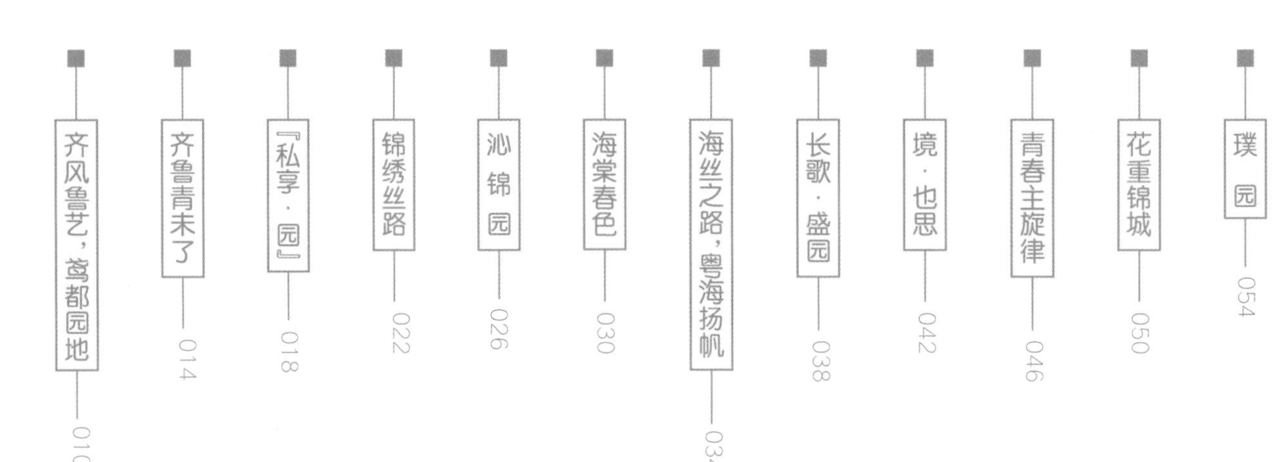

PART2

优秀作品

WORKS OF EXCELLENCE

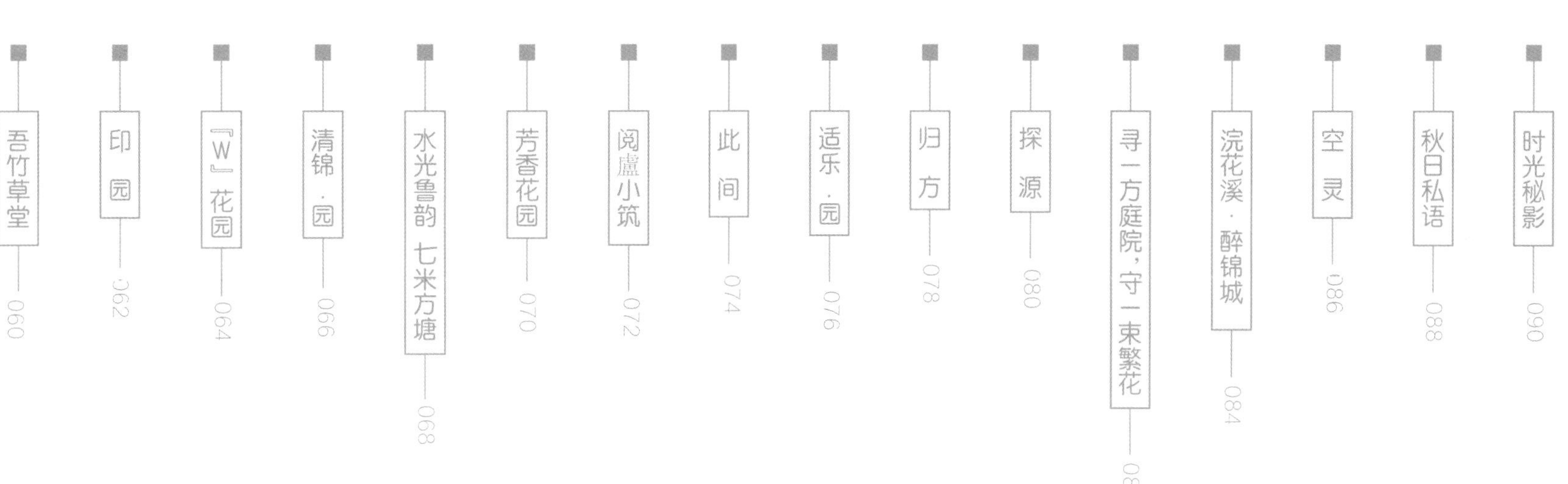

优秀作品

WORKS OF EXCELLENCE

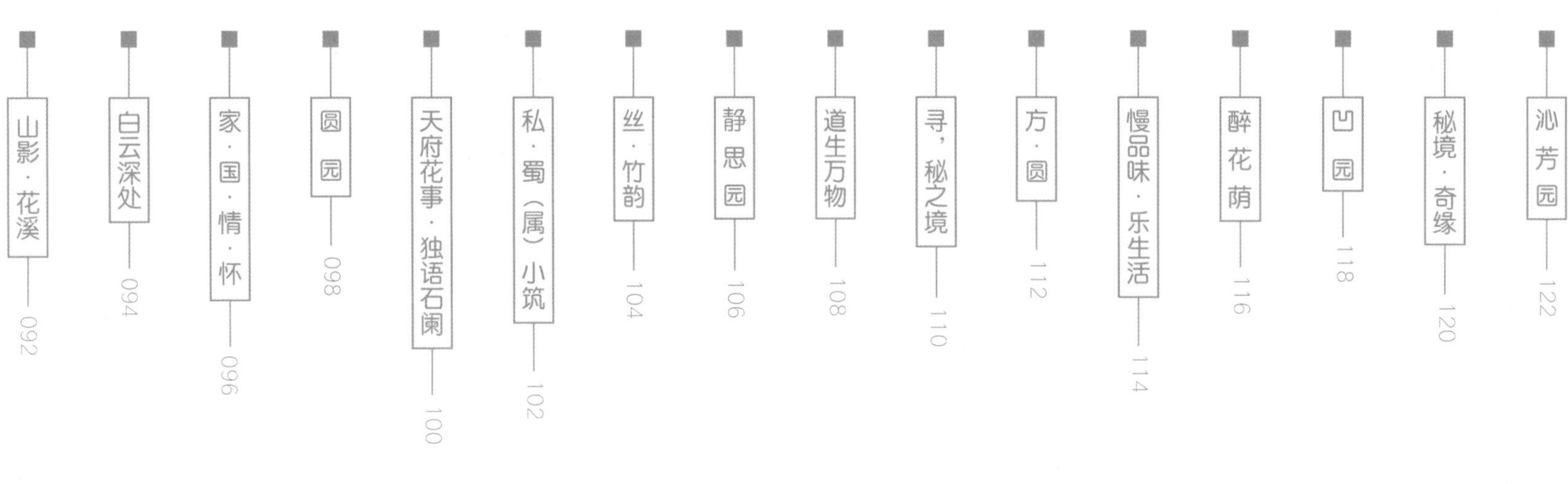

优秀作品

WORKS OF EXCELLENCE

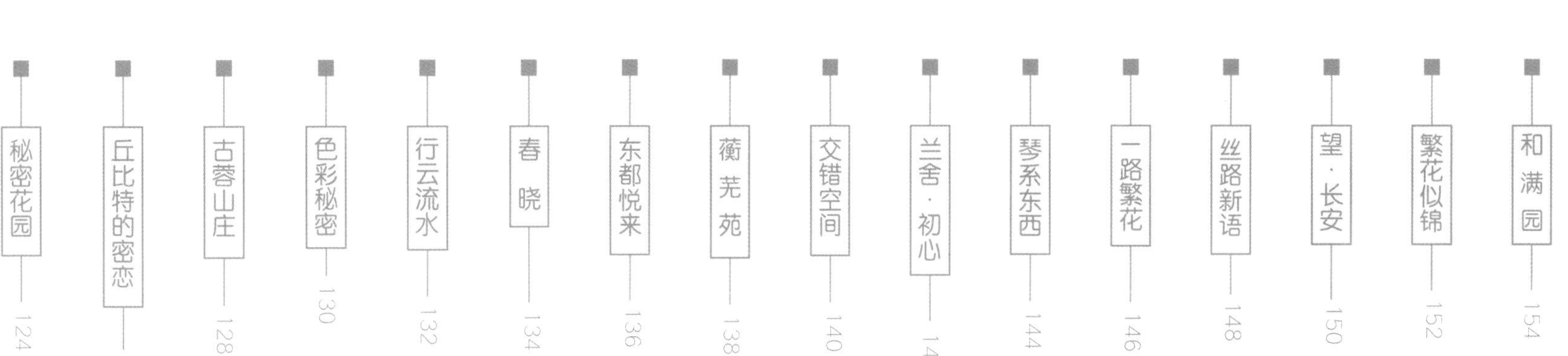

优秀作品

WORKS OF EXCELLENCE

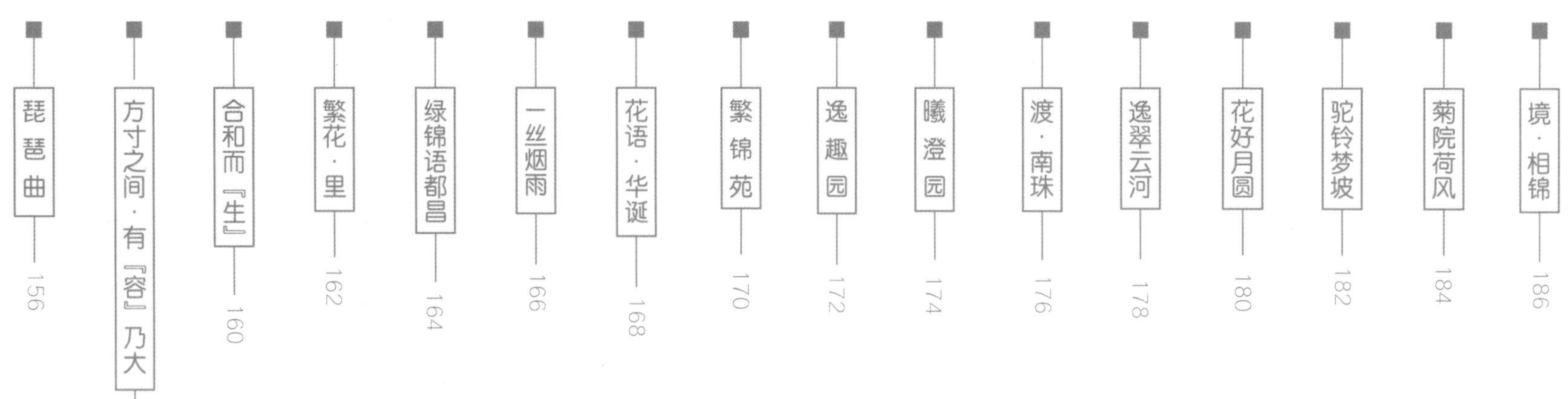

优秀作品

WORKS OF EXCELLENCE

PART1

金奖作品

GOLD WORKS

寓园

作品介绍 INTRODUCTION TO WORKS

石寓山，水寓河，方寓天下，园中树木繁茂，寓天下昌盛。庭院寄托人对自然的向往。本方案园方七米，整体园路形体由“卍”字演变而来，寓意吉祥万福。将砌筑、铺装、木作、水景、植物造景五大模块与“卍”字结合，呈现出简约整齐的新中式风格庭院，在满足基本功能需求的基础上，用植物和微地形弱化整体硬朗的直线条。园中路为七，景石为七，绕主景共七环，七在很多时候也寓意着幸运、美满、多数等。而“七”与“齐”同音，也代指齐鲁大地，呼应了本次设计大赛的主题，并且给予美好的希望与祝福。

作者介绍 ABOUT THE AUTHORS

付乐乐

女，毕业于内蒙古农业大学风景园林专业，曾就职于北京绿京华景观规划设计院有限公司，并任公司方案设计师。

谭冬

男，2018年毕业于内蒙古农业大学风景园林专业，曾就职于北京绿京华景观规划设计院有限公司。

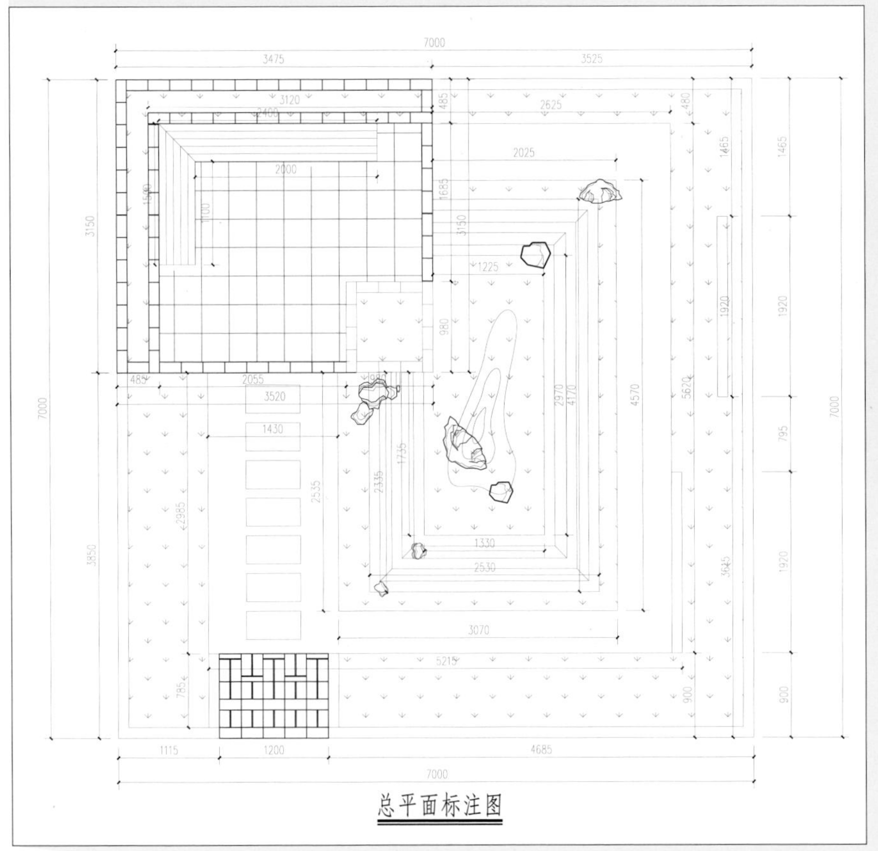

总平面标注图

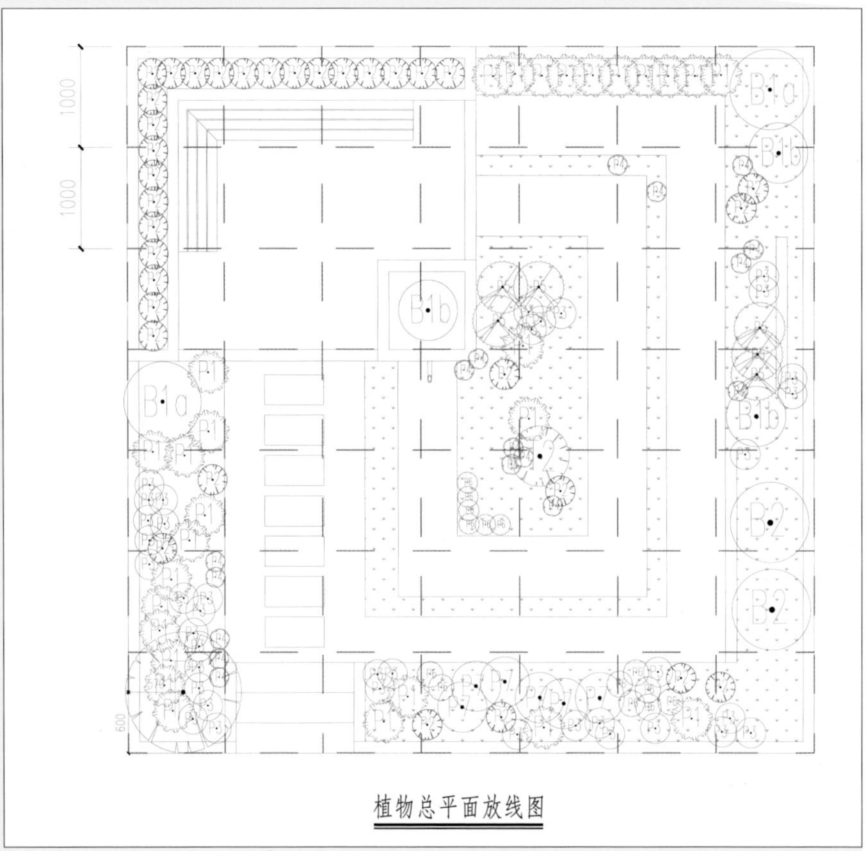

植物总平面放线图

施工图纸 CONSTRUCTION DRAWINGS

指导老师 GUIDANCE TEACHER

邓艳华

女，北京绿京华景观规划设计研究院有限公司董事、总经理、中国风景园林学会理事，主要负责景观设计管理工作。

作品点评 COMMENTS ON WORKS

构景要素具体、全面；景观结构合理，景观体系完善。构图以直线为主，能够满足赛事时间需求，可实现性较强；作品描述清晰。可以适当增加木工，例如花架等。

作品介绍 INTRODUCTION TO WORKS

利用地形的绵延因势婉转，结合昌邑地区的奇花异木，形成移步异景的景象，结合“视觉高差感”，利用材料制作出山峦叠嶂的感觉，起承转合，韵律有宜，石令人古，水令人远。水景主要包括两种：旱溪和水景。旱溪做不放水的溪床，配合植物，营造出在意境上的溪水景观。雨季来时，旱溪也可以做河床，形成独特景观。行走之间，溪水叮咚，视听结合。塘半亩水半点，观岚观水亦观境。齐鲁青未了，观鲁应归岚。

作者介绍 ABOUT THE AUTHORS

敖文红

女，毕业于重庆三峡职业学院风景园林设计专业。在2018年世界技能大赛园艺项目（昌邑）国际邀请赛中获得“国手杯”景观设计金奖。现就读于重庆文理学院园林专业。

包雯

女，毕业于重庆三峡职业学院风景园林设计专业。在2018年世界技能大赛园艺项目（昌邑）国际邀请赛中获得“国手杯”景观设计金奖。现就读于重庆文理学院园林专业。

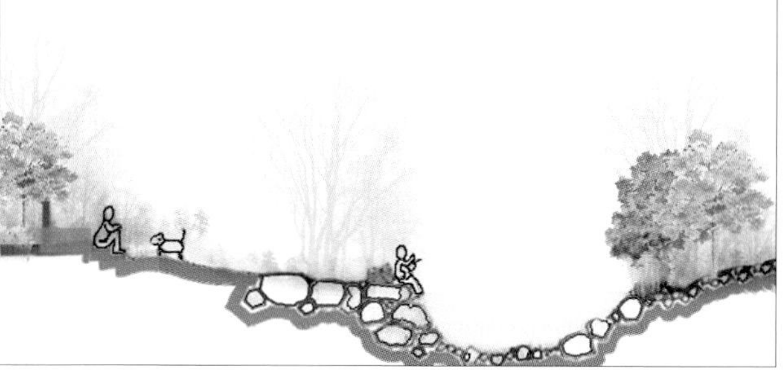

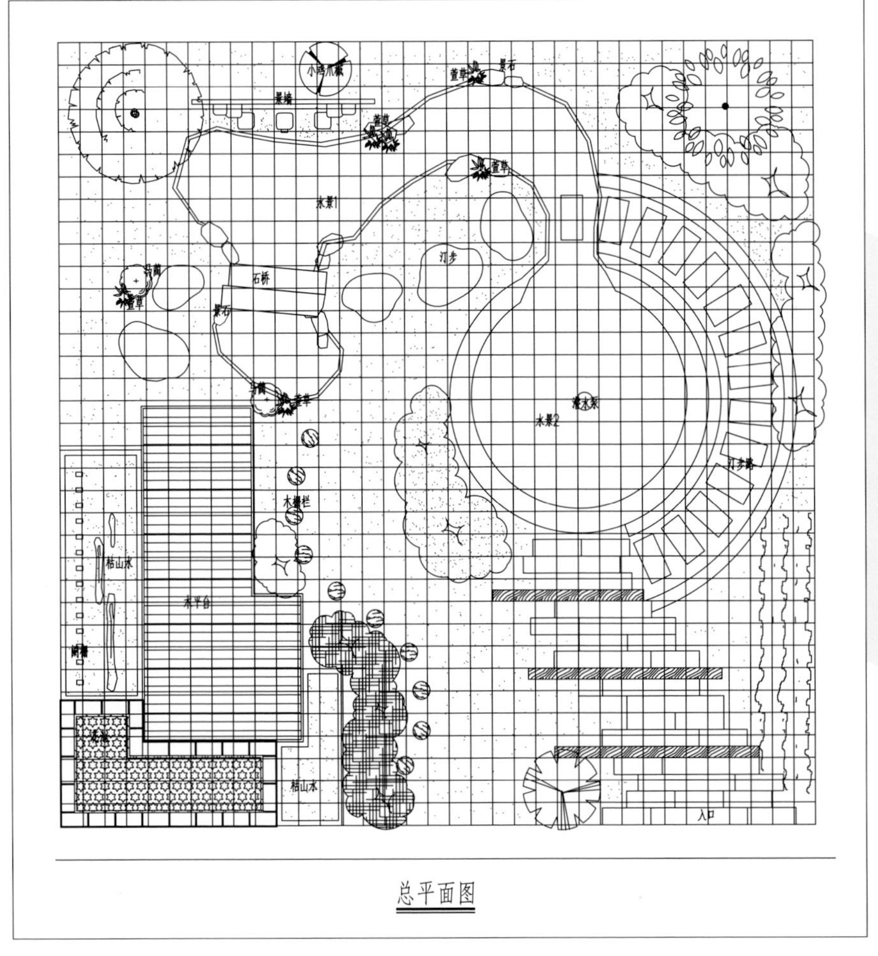

总平面图

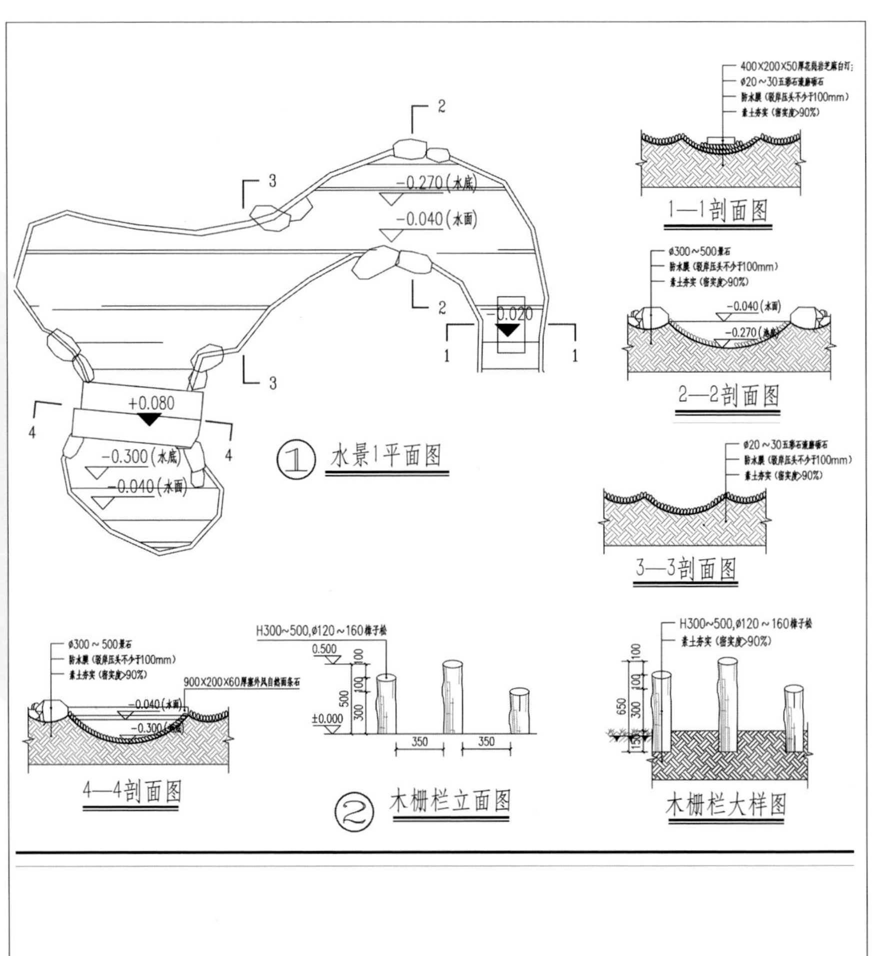

施工图纸 CONSTRUCTION DRAWINGS

指导老师 GUIDANCE TEACHER

李晓曼

女，1980年9月出生，硕士研究生，辽宁人，风景园林设计师、园林工程师、重庆市风景园林师协会常委委员、风景园林设计教研室主任。主要从事园林设计及景观生态研究，积累了丰富的工作经验。

作品点评 COMMENTS ON WORKS

“方塘半尺水半点，观岚观水亦观境”，设计从山脉形态中提取设计要素，应用于建筑及小品，植物配置采用了黑松、鸡爪槭、金叶榆、月季花、雏菊等。整体布局“曲径通幽”，具有典型的中式园林特点，并采用了分景、借景等造园手法。整体空间布局十分精妙，取得了小中见大、以一当十的景观效果。

齐风鲁艺，鸢都园地

作者介绍 ABOUT THE AUTHORS

董嘉伟

男，毕业于广州市公用事业技师学院。现任职于广州市绿雅园林工程有限公司，任施工员。希望自己可以成为既懂设计又会施工的园艺新型工匠。

刘贤洋

男，毕业于广州市公用事业技师学院。现任职于广州市绿雅园林工程有限公司，任施工员。

作品介绍 INTRODUCTION TO WORKS

作品立意于传承鲁韵园艺，也体现了现代与传统文化、新材料与旧工艺、南方与北方手工技能的结合。方案以潍坊地区特色的风筝文化为纽带，将风筝小品表现于园艺造景中，把山东人对泉水的印象映射在园艺布局中，散发出传统文化的精神、气质以及神韵。同时栽培本土植物，选用本地建材，可以让人体会到山东园艺大气又独具匠心的魅力，尽显齐鲁风采。

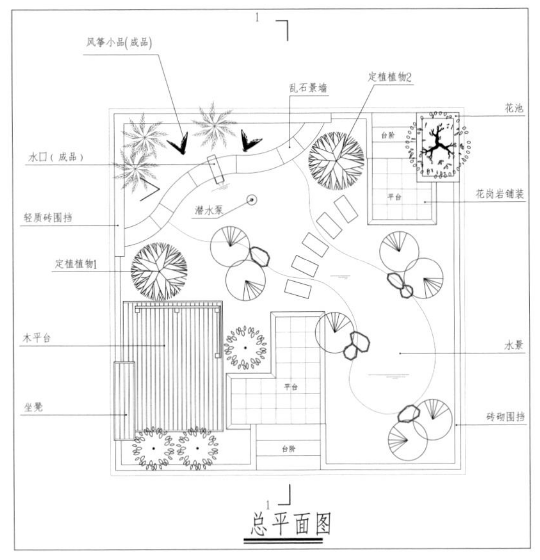

总平面图

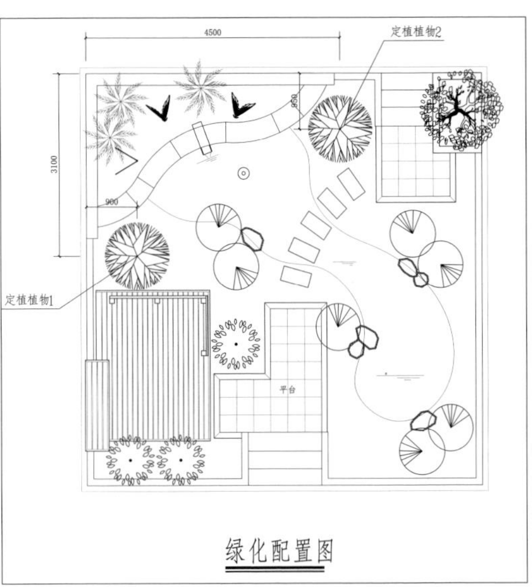

绿化配置图

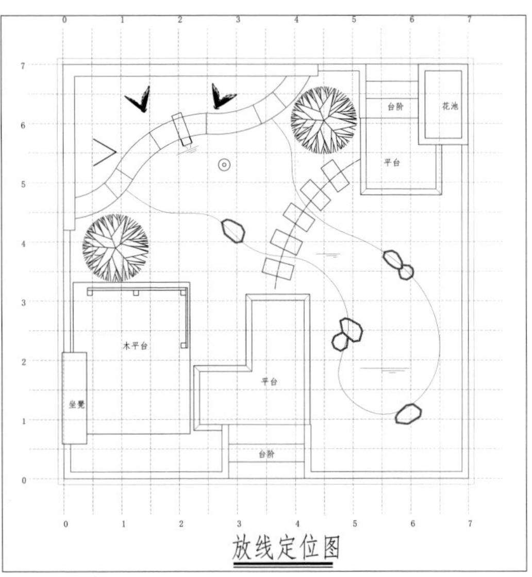

放线定位图

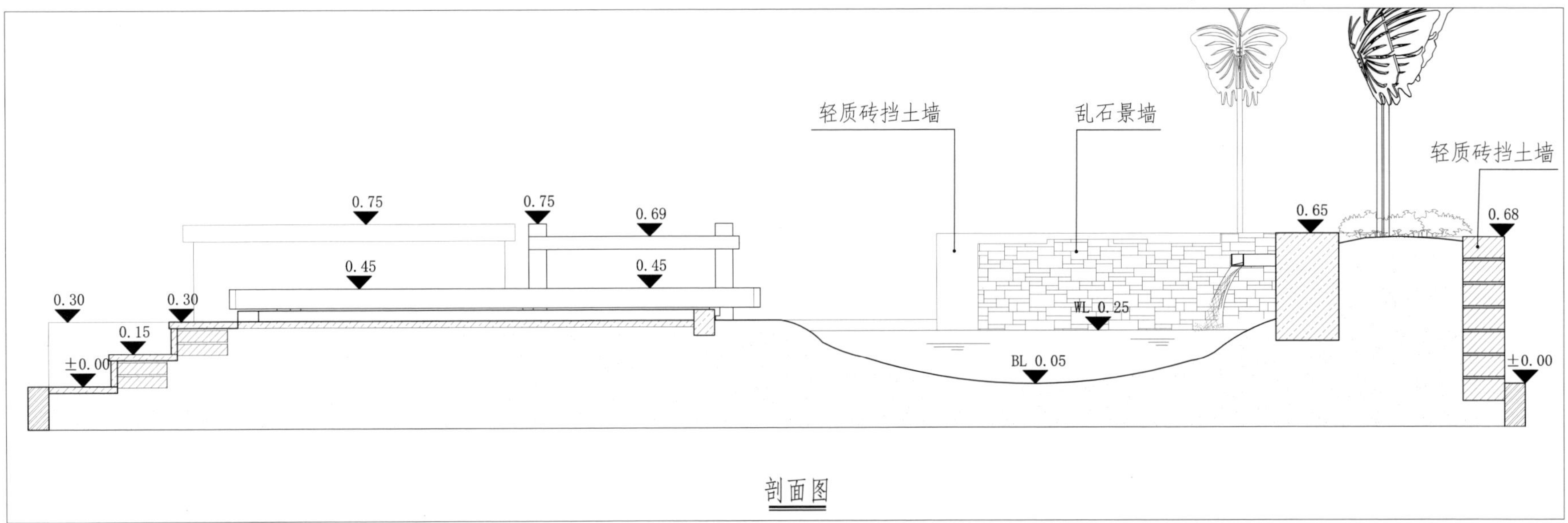

剖面图

施工图纸 CONSTRUCTION DRAWINGS

指导老师 GUIDANCE TEACHER

刘柏辰

男，第45届世界技能大赛园艺项目中国教练，第46届世界技能大赛广东省选拔赛技术指导专家，广州市公用事业技师学院园林设计教研组长、风景园林设计工程师、景观设计技师。代表作品“第十届中国（武汉）国际园林博览会广州园展区工程”获“广东省优秀工程勘察设计奖园林景观专项一等奖”“全国优秀工程勘察设计行业优秀园林和景观工程设计三等奖”。其个人获“2018年广州市技工教育教学优秀个人”“2018年广东省职业技能竞赛优秀指导教师”“2019年广东教育发展报告最具匠心精神优秀老师”。

作品点评 COMMENTS ON WORKS

本设计作品立意在鲁韵园艺的传承，以齐鲁泉水园林风格为基底，将潍坊的风筝文化作为设计纽带，把风筝艺术小品与泉水园林各项元素结合于造景之中，表达传统齐鲁园林特有的气质和神韵。

景观布局大方完整，由高至低对角布置跌水水系，承水潭舒缓展开，有齐鲁文化源远流长、传承历史展望未来的寓意。园建布置靠边压角，人行动线与水系交汇于庭院中心，引人入胜。

作品主要以本土植物栽培，绿化配置可考虑以亲水类植物为主，将浮水、挺水、沉水等植被富有韵律地展现在庭院中，更符合泉水园林的生态美感，使选手们在竞赛交流中可以体会到北方园林的气场和别具匠心的魅力。

齐鲁青未了

作品介绍 INTRODUCTION TO WORKS

假山影射“五岳”，中间最高的代表泰山，自高处喷涌而出的水蕴含着生命的活力，源于泰山并滋养泰山，是一个具有地方特色和文化气息的喷泉景观；月季花墙搭配台阶式三角花坛，条石座椅搭配植物配置，营造出身处自然的真实感与舒适感。造景结合不同花期的乔灌花草，形成垂直方向多层次的植物景观，同时也做到四季有景、处处成景。作品名中的“青未了”表达了齐鲁大地的绿意绵延，更表达了我们对昌邑、对潍坊、对山东的美好愿望，希望齐鲁大地山河长在。

作者介绍 ABOUT THE AUTHORS

荆璇

女，毕业于内蒙古农业大学风景园林专业，现就职于北京景园人园艺技能推广有限公司，任景观设计师。

康柔

女，毕业于内蒙古农业大学风景园林专业，现就职于北京景园人园艺技能推广有限公司，任景观设计师。

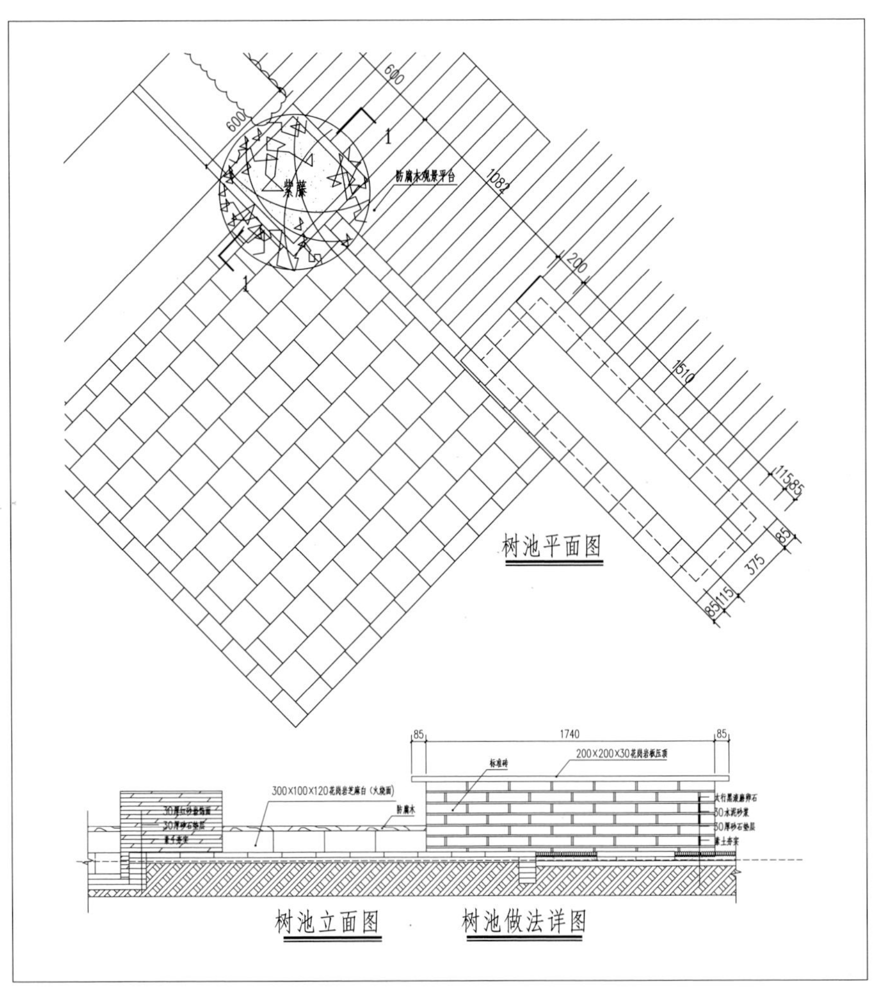

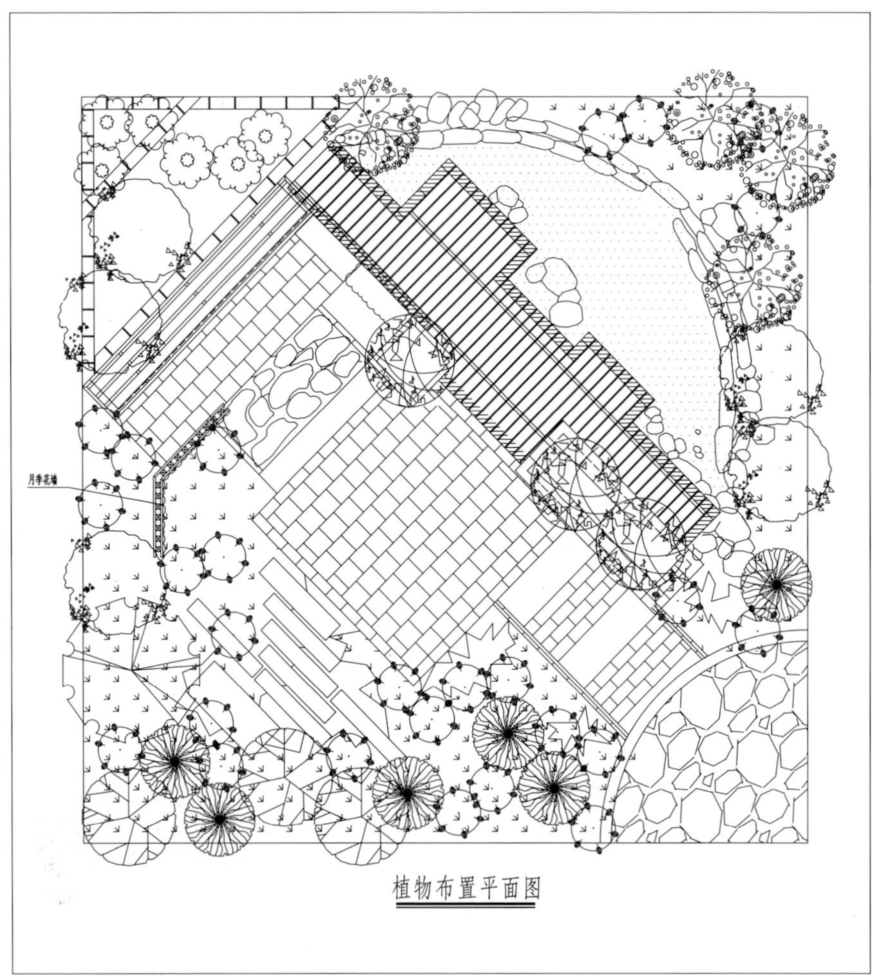

施工图纸 CONSTRUCTION DRAWINGS

作品点评 COMMENTS ON WORKS

此作品以山东趵突泉、五岳泰山为切入点进行设计，整体立意基本符合大赛要求。一柔一刚、一静一动之间的关系还需更准确地表达。

“私享 · 园”

作者介绍 ABOUT THE AUTHORS

马平

男，投身园林行业十五年，南京林业大学风景园林硕士，高级工程师。现就职于安徽润一生态建设有限公司，担任设计部负责人。

作品点评 COMMENTS ON WORKS

作品以涌泉向济南泉城致敬，半环形石墙表达齐鲁地区庭院文化。空间趣味性较强；景观结构合理，可实施性强。砌筑量应适当减少。

作品介绍 INTRODUCTION TO WORKS

方案利用不同景观元素的组合，在场地中营造出不同需求的空间。场地共设有三个进出口，在主出入口设计了临近水景涌泉，采用的是方正石材铺装，两个次入口分别采用砾石和汀步两种形式。场地中间设计了临水木平台，水景采用自然式，出水口设计采用石质涌泉的样式，体现静谧之感。场地核心区是利用垒石围合成的一处较私密的空间，背靠垒石墙花坛，面朝水景涌泉，可观水景、观植物，亦可独自静享。

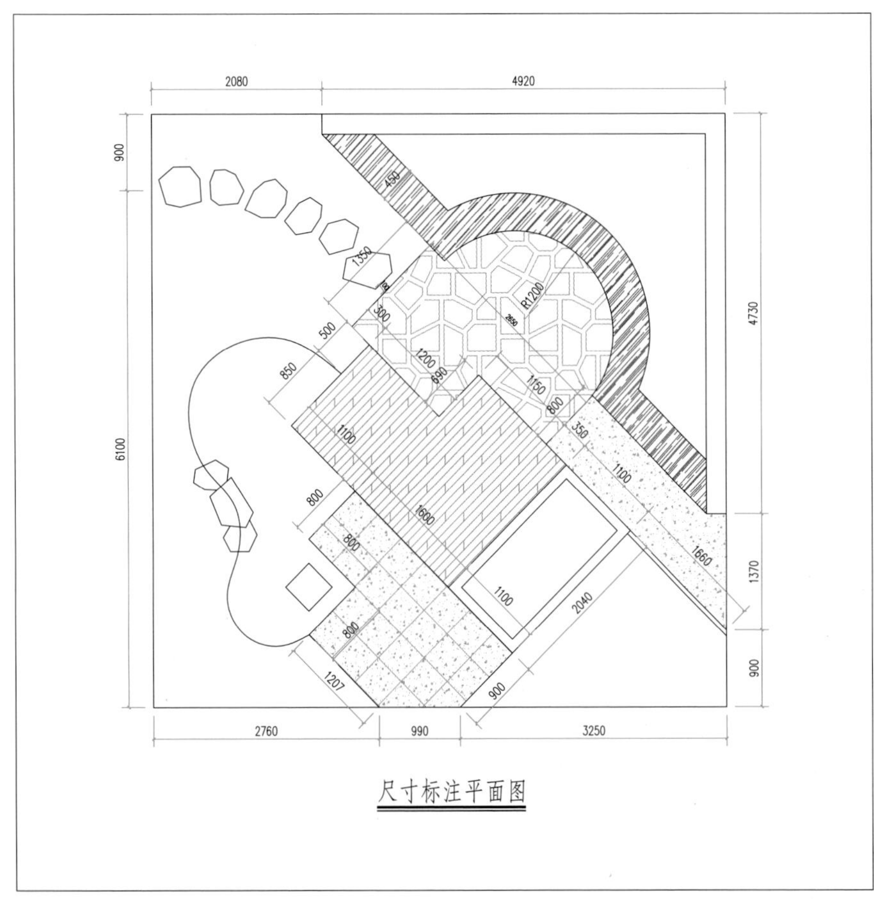

尺寸标注平面图

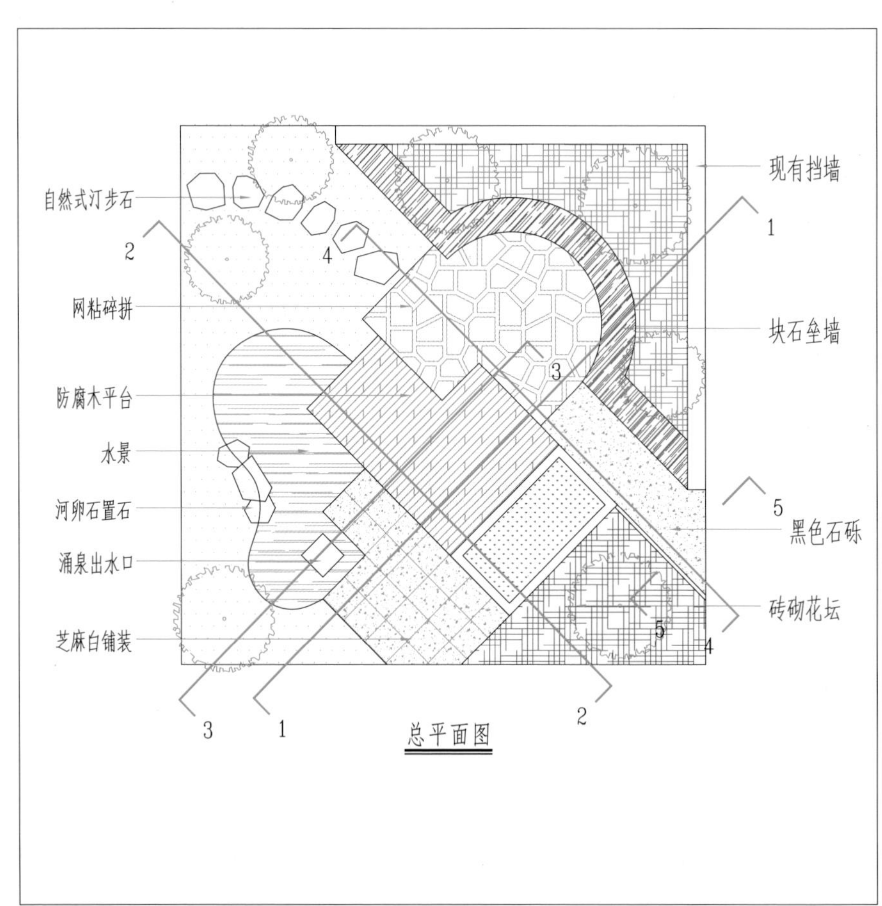

总平面图

施工图纸 CONSTRUCTION DRAWINGS

E16
Colombia

锦绣丝路

作者介绍
ABOUT THE AUTHORS

杜振明

男，毕业于山东工艺美术学院环境艺术系，现任职于莱州市源艺市政工程有限公司。

作品介绍
INTRODUCTION TO WORKS

庭院入口中心位置为八边形地面铺装造型，灵感来自于中式窗户的造型，代表我国经济文化的四通八达。庭院中心为钥匙造型水景，寓意着“一带一路”的思想打开了与各国合作的新窗口。假拟庭院左上角为西北乾位，乾位在八个方位是第一个方位，也是重点方位，此处设有休闲平台以及木座凳，背靠景观树造型，可俯瞰庭院的全部景观，感受庭院造景中的静与动。

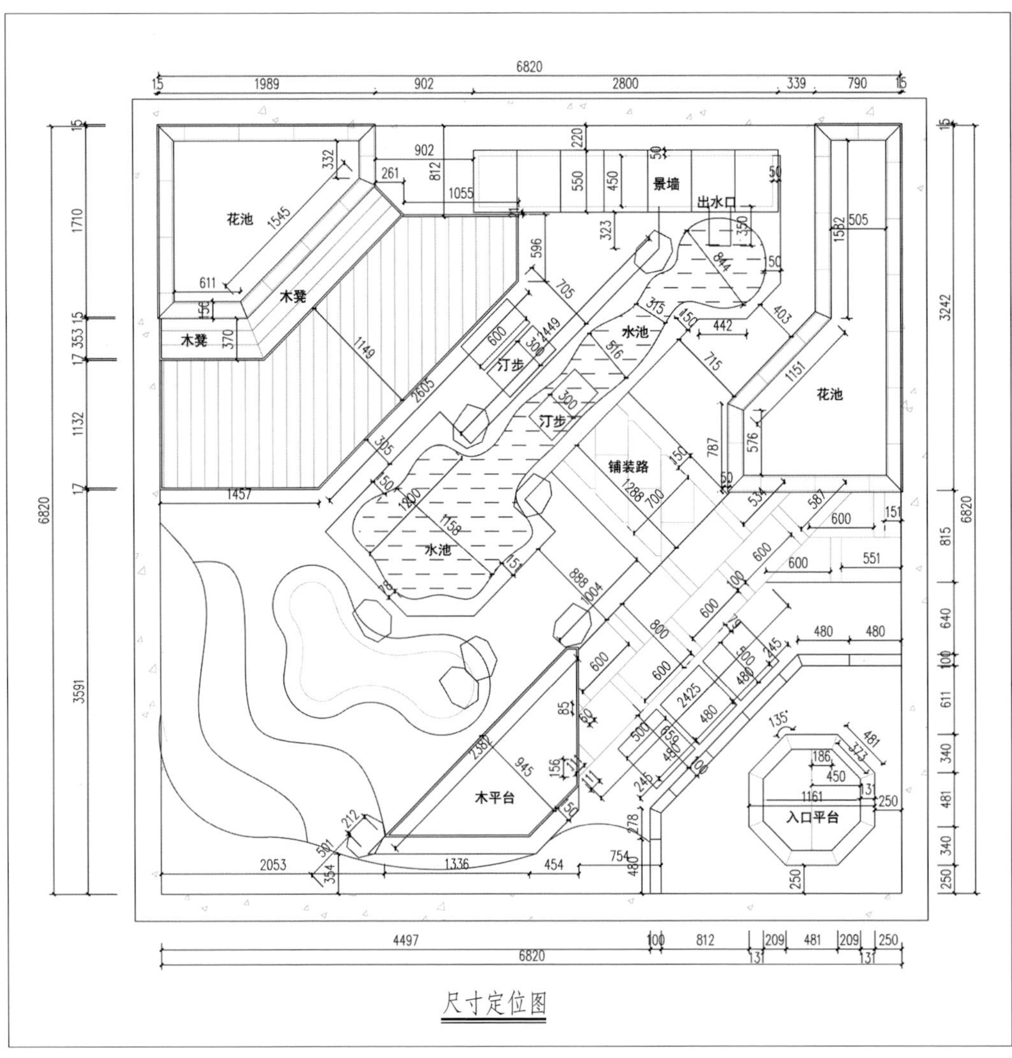

尺寸定位图

施工图纸 CONSTRUCTION DRAWINGS

作品点评
COMMENTS ON WORKS

设计方案整体符合大赛的方向要求，方案表现力较好。不过对于施工比赛来说有些复杂，存在施工工程量过大、无法按时完成比赛的问题，可以适当简化一些硬装的尺寸和数量。

沁锦园

作品介绍 INTRODUCTION TO WORKS

沁锦园，行走在这小小的“丝绸之路”上，静待花开。方案紧扣“丝路花语，锦绣中华”的主题。S形的流线来源于“一带一路”国际高峰论坛的LOGO（金色和蓝色的丝带构成S形的标识）。木平台提供了休憩地，体现出开放和包容。瀑布缓缓流下，带动水体的波纹有节奏地运动着。行人穿越水体，走过陆地，身处植物围绕的S形小路中，更可听其花语。整个方案静中有动、动中有静，给予人一种安心而又温馨的感觉。让游人在忙碌之时静下心来，观胜景，感受美好。

作者介绍 ABOUT THE AUTHORS

谢智超

男，毕业于杭州科技职业技术学院建筑设计专业，现任职于杭州博弘建筑景观设计有限公司。

陆琪琦

女，就读于杭州科技职业技术学院建筑设计专业，大二学生。

施工图纸 CONSTRUCTION DRAWINGS

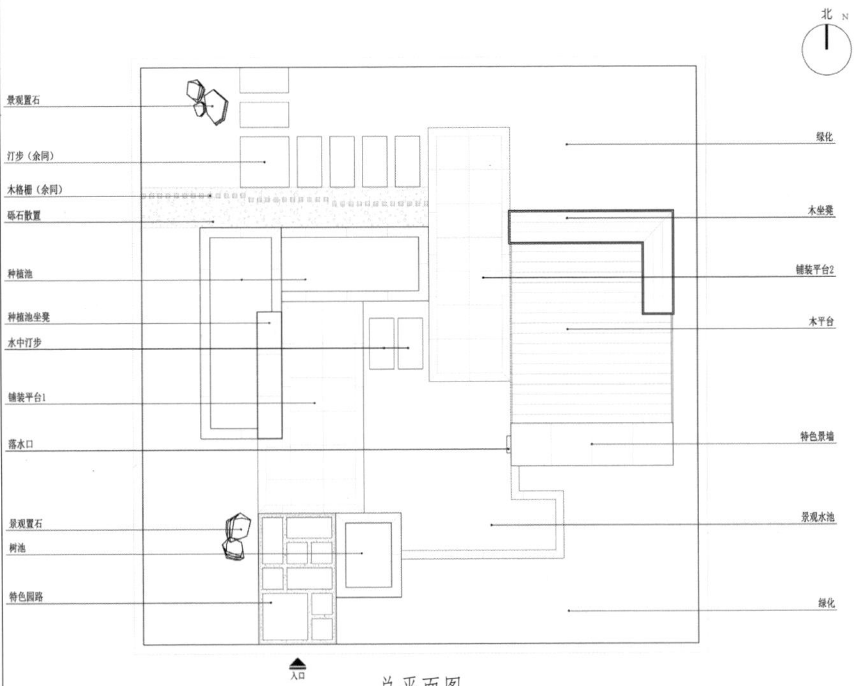

景观置石
汀步（余同）
木格栅（余同）
砾石散置
种植池
种植池坐凳
水中汀步
铺装平台1
落水口
景观置石
树池
特色园路
绿化
木坐凳
铺装平台2
木平台
特色景墙
景观水池
绿化
入口

总平面图

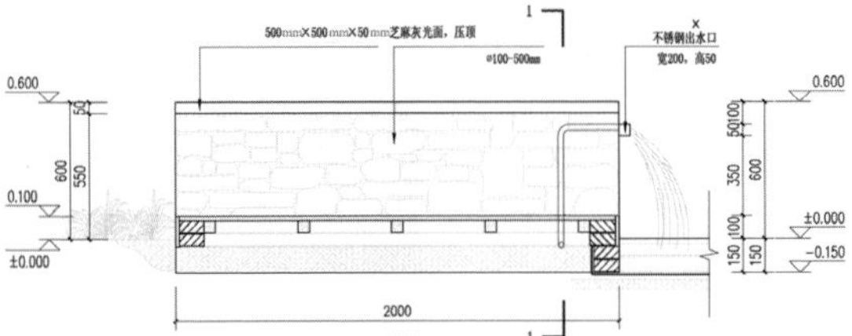

① 景墙立面图

注：图中黄木纹板岩仅为图案填充，具体以现场提供为准

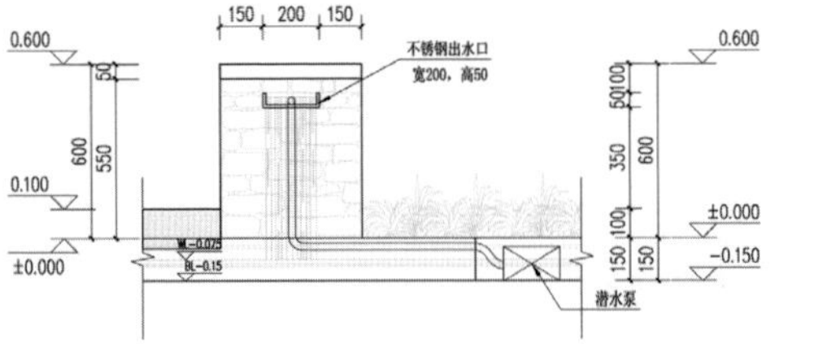

② 景墙侧立面图

指导老师 GUIDANCE TEACHER

黄筱珍

女，毕业于同济大学，硕士，现在杭州科技职业技术学院任教，主教设计初步、园林景观设计等课程。任教期间，指导学生参加高职类毕业设计大赛，并多次获奖，指导学生参加浙江省高职高专园林景观设计比赛获二等奖，指导学生参加国手杯造园设计大赛，三幅作品入围，获两项金奖。另外，工作期间，本人还参与过富阳多个美丽乡村以及旧区改造项目、厂区景观设计以及诸多私家花园设计项目，具有丰富的工程实践经验。

作品点评 COMMENTS ON WORKS

作品紧扣“一带一路”的内涵，提炼设计要素进行合理的景观布局，思路清晰，结构合理，动静结合，构图饱满。在空间处理上，作者灵活应用欲扬先抑、不见其景先闻其声等手法，使空间妙趣横生、引人入胜。若植物配置能再增加些季相变化和层次，整体方案会更完美。

海棠春色

作者介绍
ABOUT THE AUTHORS

朱燕冰

女，毕业于杭州科技职业技术学院城市建设学院建筑设计专业。曾获2018年校技能大赛园林景观设计一等奖。

作品介绍
INTRODUCTION TO WORKS

“小雨泥淋釉伞轻，天宫着意雨霏晴。寻遗塞外昭君怨，顿起凝愁悯泪倾。但使边关磐若石，丝绸古道漾箫笙。如今落雁尘埃远，不尽天山万古情。”海棠春色的创造，融合了此景此意。设计以“刚与柔的结合”为理念，整体采取规则直线与柔美曲线的结构，构成一种既开放又包容的平衡，半围绕式的路径，形成对角形态的视觉感，创造出较好的观赏景观视线。内部的小溪呈东北西南方向，曲折却又惠及面积广，表达了对“一带一路”共同发展的美好愿景。内部丰富多彩、生机勃勃，彰显出“一带一路”的锦绣繁华。

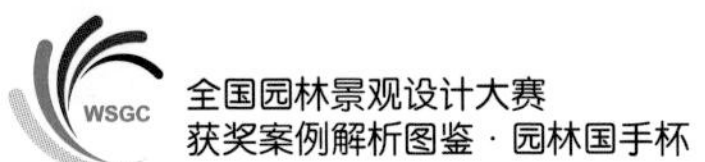

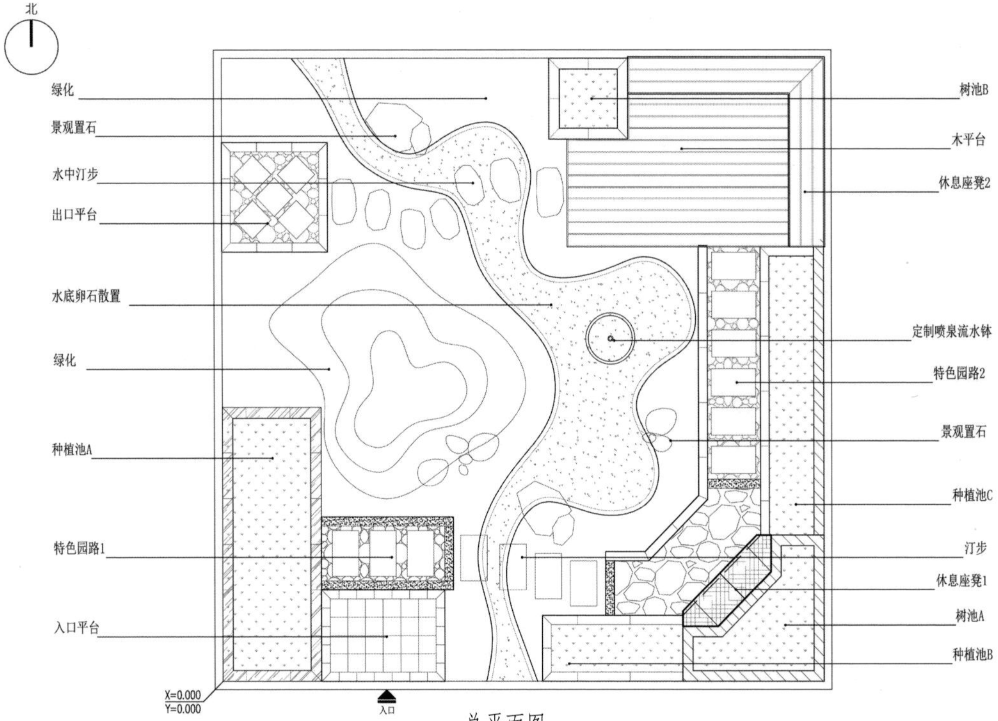

北

绿化
景观置石
水中汀步
出口平台
水底卵石散置
绿化
种植池A
特色园路1
入口平台

树池B
木平台
休息座凳2
定制喷泉流水钵
特色园路2
景观置石
种植池C
汀步
休息座凳1
树池A
种植池B

X=0.000
Y=0.000

入口

总平面图

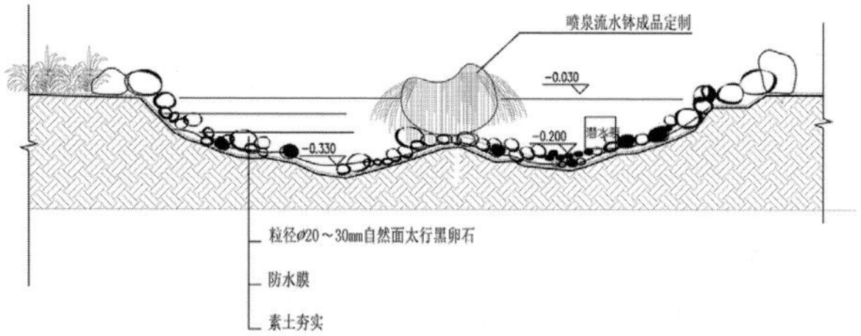

喷泉流水钵成品定制
-0.030
-0.330
-0.200
粒径ø20~30mm自然面太行黑卵石
防水膜
素土夯实

景观水体做法详图

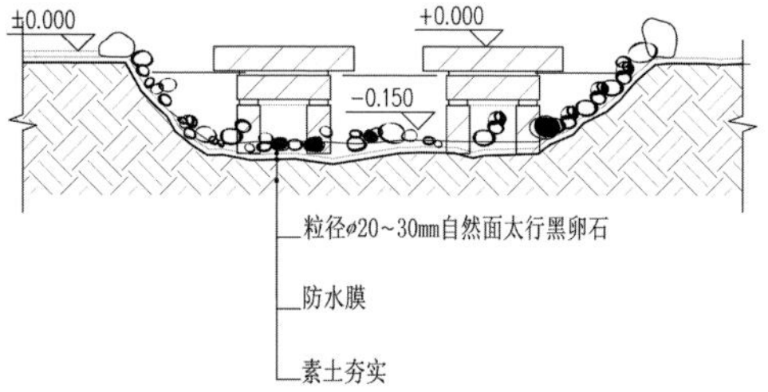

±0.000
+0.000
-0.150
粒径ø20~30mm自然面太行黑卵石
防水膜
素土夯实

水中汀步做法详图

施工图纸 CONSTRUCTION DRAWINGS

指导老师 GUIDANCE TEACHER

黄筱珍

女，毕业于同济大学城规专业，硕士，现在杭州科技职业技术学院任教，主教设计初步、园林景观设计等课程。任教期间，指导学生参加高职类毕业设计大赛并多次获奖，指导学生参加浙江省高职高专“园林景观设计”比赛获二等奖，指导学生参加国手杯造园设计大赛，三幅作品入围，获两项金奖。另外，工作期间，本人还参与过富阳多个美丽乡村以及旧区改造项目、厂区景观设计以及诸多私家花园设计项目，具有丰富的工程实践经验。

作品点评 COMMENTS ON WORKS

作品深入挖掘“一带一路”的文化内涵，形成独到的景观意向，以一条曲溪打破整体规整的构图，却毫无违和感，给人耳目一新的感觉。空间处理上合理运用各种处理手法，层次明晰、细节丰富。但作品在细节尺度的处理上仍有待调整改进的空间。

海丝之路，粤海扬帆

作品介绍 INTRODUCTION TO WORKS

方案立意于“一带一路”中的“新海上丝绸之路”，表现在“新海上丝绸之路”扬帆起航的美好画面，不仅拥有历史符号的传承，还有现代与传统文化、新材料与旧工艺、南方与北方手工技能的交流。在园建方面，船帆造型的垂直绿化背景墙、乘风破浪船头造型的花池、挡墙设计的船身、海浪波纹的地面铺装，能给游人置身于海中的感觉；远处的竹子以及前景的亲水植物映射着“新海上丝绸之路”的文化。作品通过多角度综合表现，表达了对“新海上丝绸之路”的美好憧憬。

施工图纸 CONSTRUCTION DRAWINGS

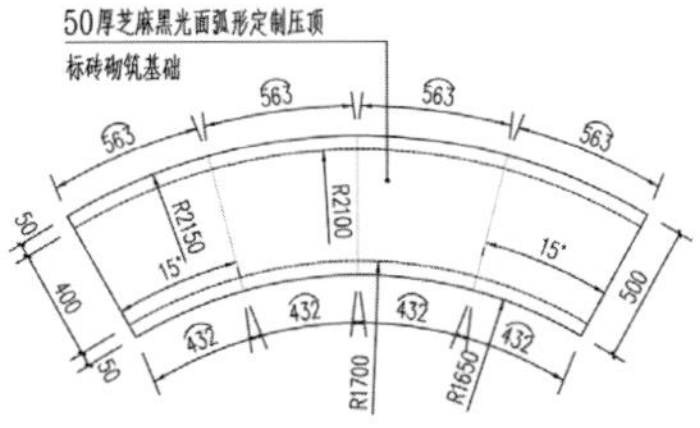

50厚芝麻黑光面弧形定制压顶
标砖砌筑基础

①坐凳弧形坐凳压顶

50厚芝麻黑光面弧形定制压顶
水泥砂浆
标准砖砌筑

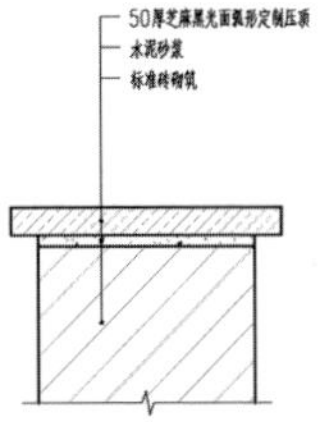

②坐凳断面图

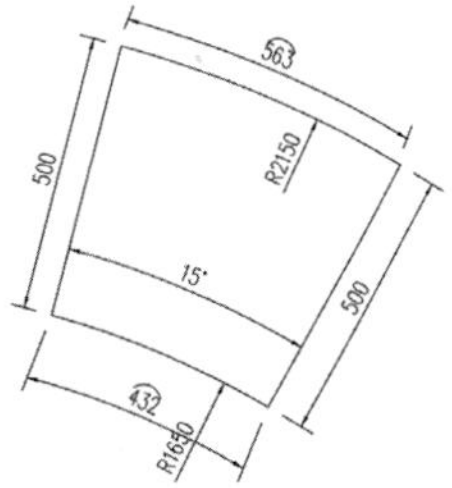

③坐凳弧形定制单块

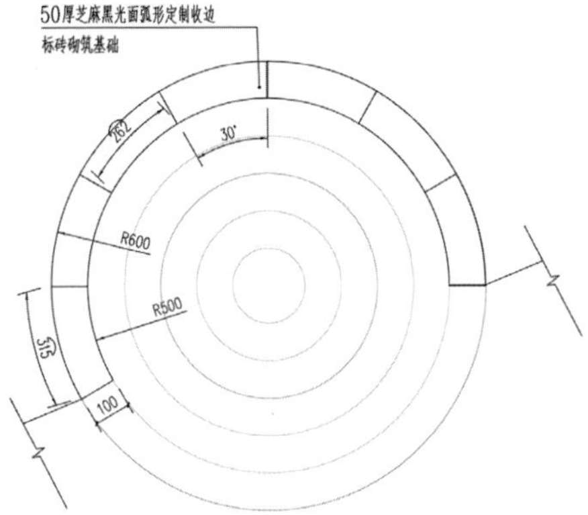

50厚芝麻黑光面弧形定制收边
标砖砌筑基础

④水边弧形压顶平面图

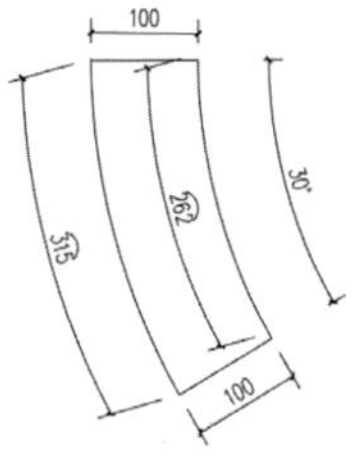

⑤水边弧形单块详图

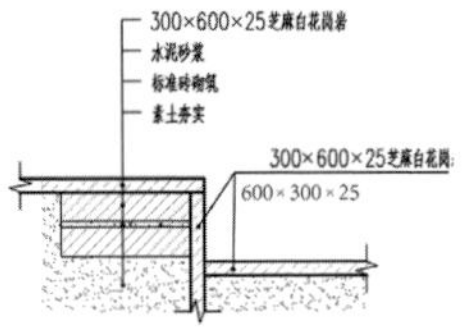

300×600×25芝麻白花岗岩
水泥砂浆
标准砖砌筑
素土夯实
300×600×25芝麻白花岗岩
600×300×25

⑥台阶断面图

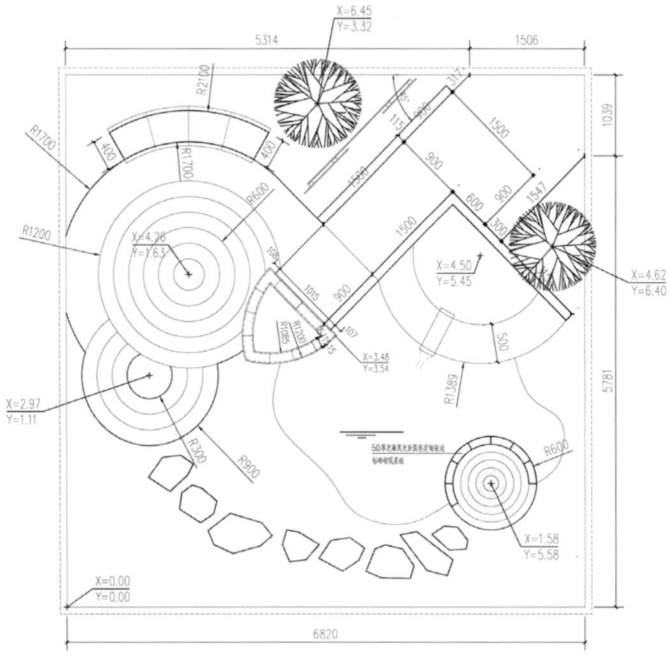

平面尺寸图

作者介绍 ABOUT THE AUTHORS

杨华雄

男，就读于广州市公用事业技师学院，园艺选手。在校期间参加多场国内园艺项目施工比赛，有丰富的施工比赛经验。

陈泓霖

男，就读于广州市公用事业技师学院，园艺选手。在校期间参加多场国内园艺项目施工比赛，有丰富的施工比赛经验。

作品点评 COMMENTS ON WORKS

方案整体创意非常好，景观结构合理，彩平及效果图表现较好，植物关系搭配合理，在制图方面也很细心，能看出设计师的功底。

指导老师 GUIDANCE TEACHER

刘柏辰

男，第45届世界技能大赛园艺项目中国教练，第46届世界技能大赛广东省选拔赛技术指导专家，广州市公用事业技师学院园林设计教研组长、风景园林设计工程师、景观设计技师。代表作品“第十届中国（武汉）国际园林博览会广州园展区工程”获“广东省优秀工程勘察设计奖园林景观专项一等奖”“全国优秀工程勘察设计行业优秀园林和景观工程设计三等奖”。其个人获“2018年广州市技工教育教学优秀个人”“2018年广东省职业技能竞赛优秀指导教师”“2019年广东教育发展报告最具匠心精神优秀老师”。

长歌 · 盛园

作品介绍
INTRODUCTION TO WORKS

作品《长歌 · 盛园》将“一带一路”的时代主题形象化为重山流水，融合其他景观元素，设计出实用简约的休闲功能场地、清新雅致的景观空间和园艺空间。“古丝绸之路”长达6 440千米，本案设计的山水轴线也长达6.44米，分为高山流水、山月剪影、海纳百川三个段落，寓意“一带一路”的发展岁月和创造共通共荣的盛世目标。

作者介绍
ABOUT THE AUTHORS

于桂芬

女，毕业于西北农林科技大学、现为辽宁农业职业技术学院园林系教师。

韩学颖

男，毕业于沈阳农业大学园林植物与规划设计专业（园林规划设计方向）。

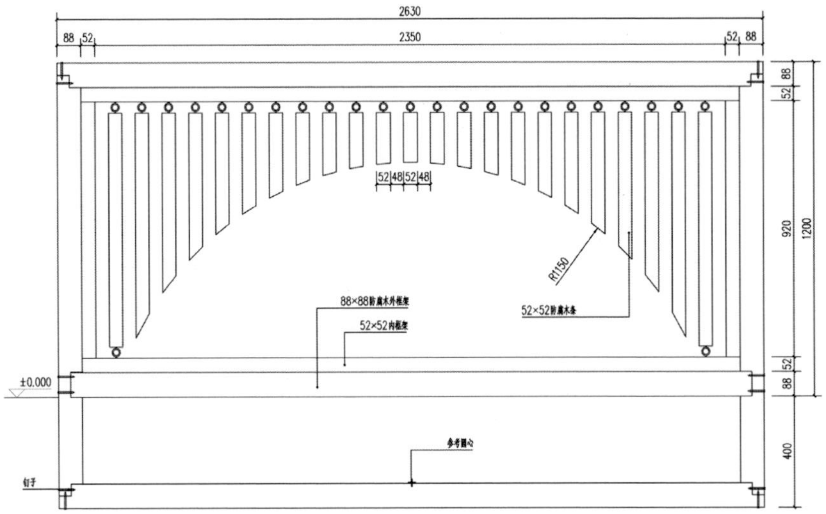

观山月景墙1—1剖面图

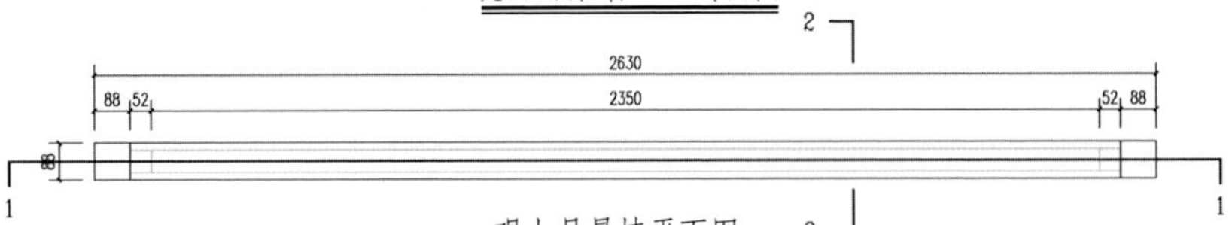

观山月景墙平面图

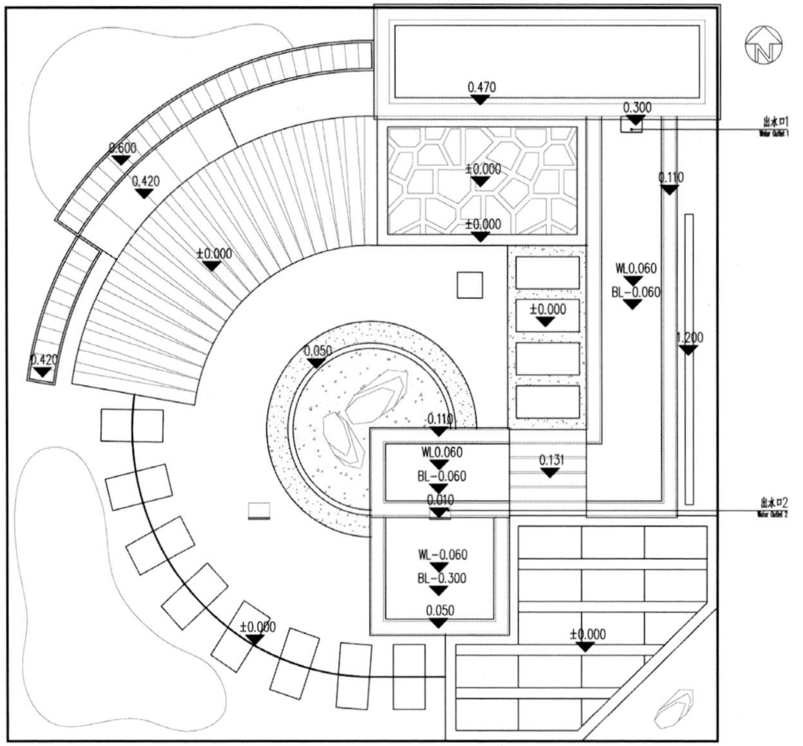

竖向设计图

施工图纸 CONSTRUCTION DRAWINGS

作品点评
COMMENTS ON WORKS

作品立意新颖，构思巧妙，以海洋印象切入“一带一路”主题，寓意美好。帆船造型的垂直绿化墙与象征船头的花池以及挡土墙做的船身相互融合，有点睛之效。水面连接船体，跌水波纹潺潺，出海场景惟妙惟肖。绿化配置可考虑以颜色较为鲜艳的地被时花为主，将视线引向船头和跌水景观，驳岸切勿规则式种植，可采用花镜手法，塑造出生态自然的湿地环境。

境·也思

作者介绍
ABOUT THE AUTHORS

屈克红

男，现任职于黄山市尚境园林景观有限公司。

唐欣

女，现任职于黄山市尚境园林景观有限公司。

作品介绍
INTRODUCTION TO WORKS

“境”既是风景园林的内核，也是园林景观所要达到的各层级目标。方案通过微地形、微空间的营造，结合“适地适树”“适树适地”“复合种植”以及生态施工工艺的原则和方法，营造了一个满足生物和谐共存的微环境，是“物境”层面的体现。将山水元素、方圆元素与“起、承、转、合”的空间处理手法结合，表现微环境的“山水诗画”“方圆哲学”；通过静态凹空间的营造，形成一个私家花园的沉思空间，实现心与物、人与自然统一的人居环境，是“意境”层面的体现。

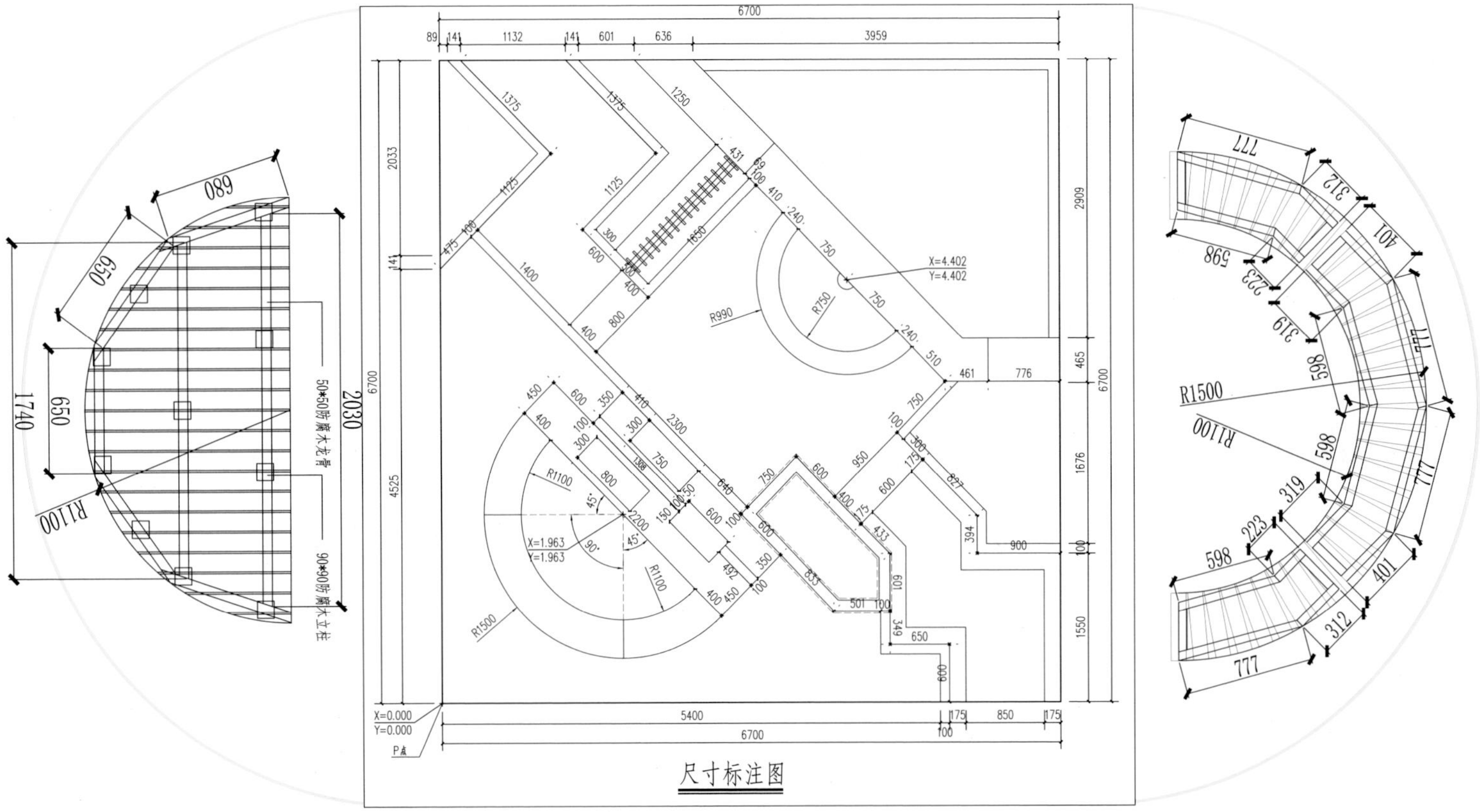

尺寸标注图

施工图纸 CONSTRUCTION DRAWINGS

指导老师 GUIDANCE TEACHER

马涛

男，1985年生，回族，安徽亳州人。黄山学院园林教研室主任，硕士，讲师。第45届世界技能大赛中国技术指导专家、黄山市尚境园林景观有限公司设计总监。

作品点评 COMMENTS ON WORKS

该方案以“境”为立意主题，以“思”作为功能空间的主要目的，通过地形空间塑造、复合生态种植、山水文化表现、方圆哲学解读以及沉思场所营建等方式，循序渐进地诠释了物境、情境、意境“三境”理论。结合主次入口的选择、主次景观的布设，运用挡景、障景、对景、夹景等多种造景手法营造“起、承、转、合”多变的动态空间序列和“物我一体”的静态沉思空间。

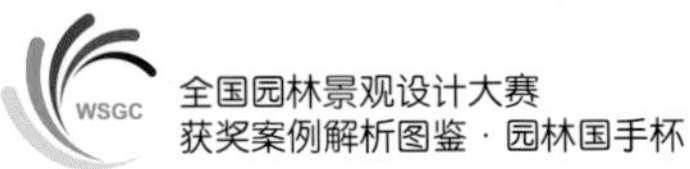

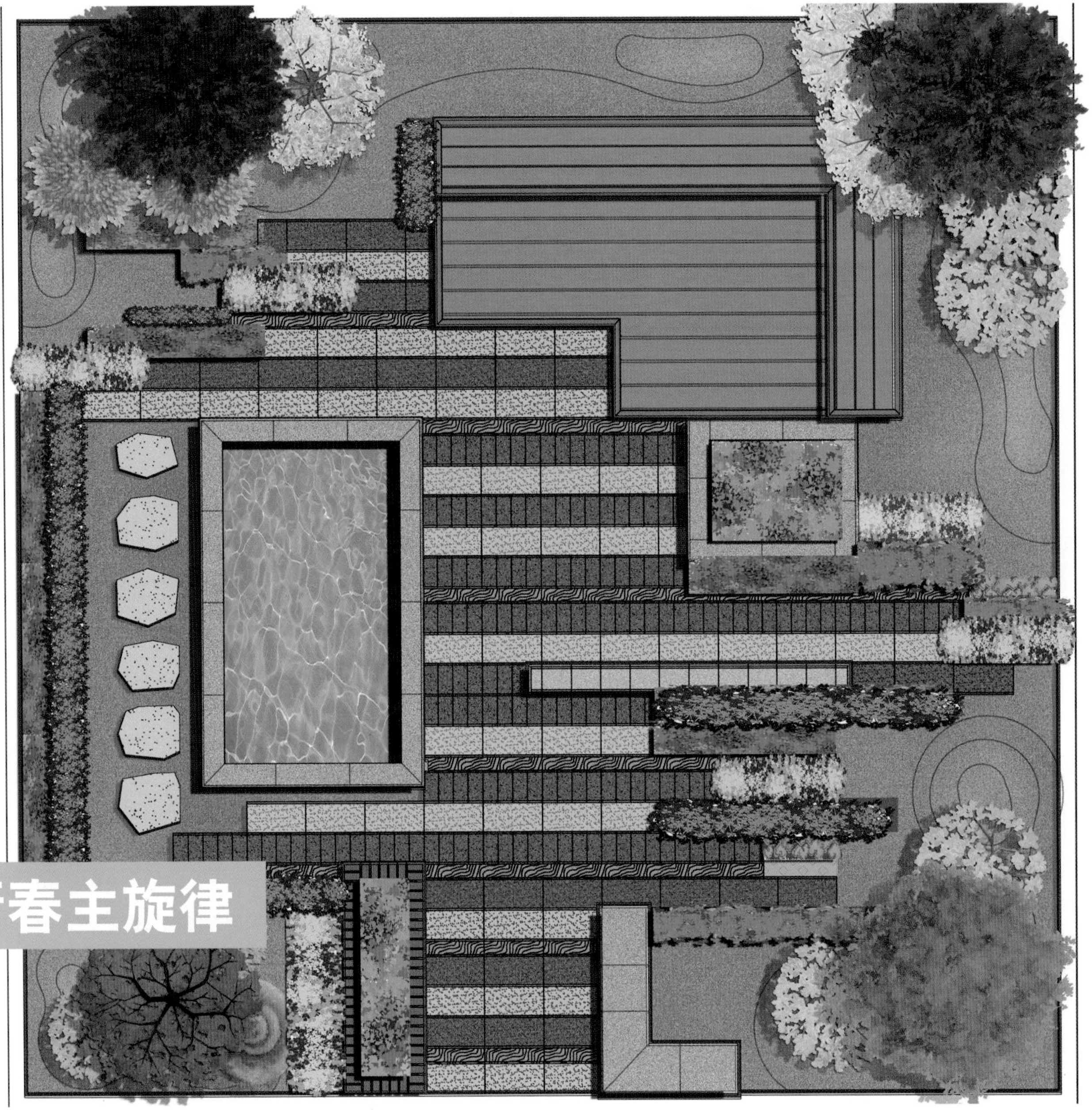

青春主旋律

作者介绍 ABOUT THE AUTHORS

孟洁

女，2003年毕业于中南林业科技大学，华中科技大学风景园林硕士。现任园林技术专业教研室主任、副教授。

周艳丽

女，2014年长江大学园林植物与观赏园艺专业研究生毕业。现就职于咸宁职业技术学院生物工程学院，任园林专业教师。

作品介绍 INTRODUCTION TO WORKS

青春像一架钢琴，可以弹奏出优美而动听的曲子。方案以“青春主旋律”为设计主题，将青春这种简单却丰富多彩、单纯却写满内涵的特点融入园林景观设计中。方案以灰砖、大理石、防腐木等简单的材料构建出线条简洁、功能丰富、空间灵活的花园景观，将成都三分之一平原、三分之一丘陵、三分之一山地的独特地形完美地表达与连接。成都巨大的垂直高差地形是大自然赐予成都人民的礼物。整个方案中，游人们在看似有意或者无意的私密或者公共空间中或坐、或躺、或走、或观、或戏水、或赏花，反映出了成都独特的地形地貌带给园林景观空间的更多可能性，也为成都环境景观的建设提供了参考。

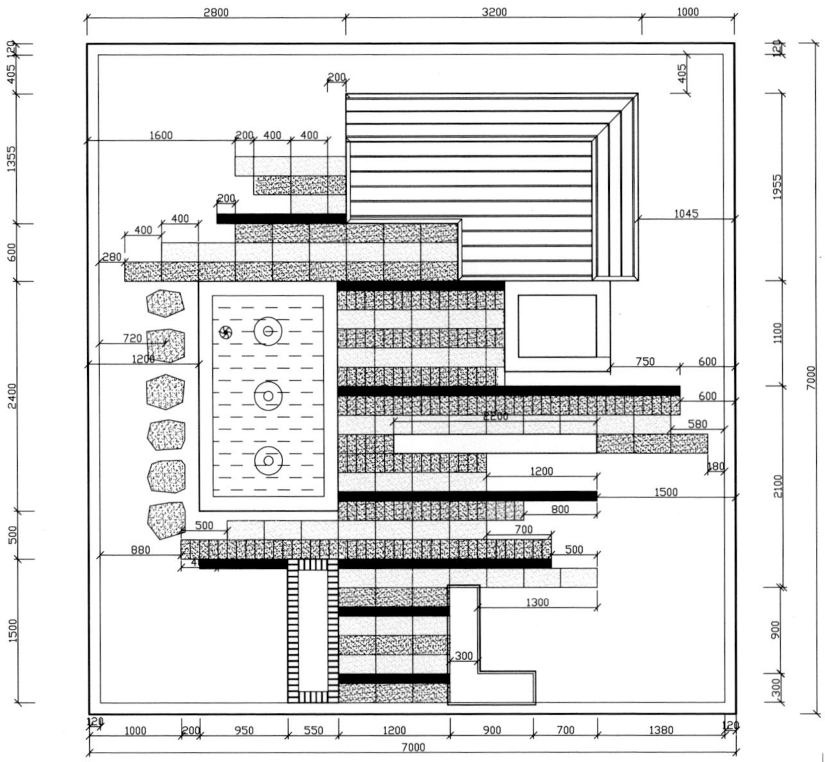
2800
3200
1000
7000
1000
200
950
550
1200
900
700
1380

① 尺寸定位图

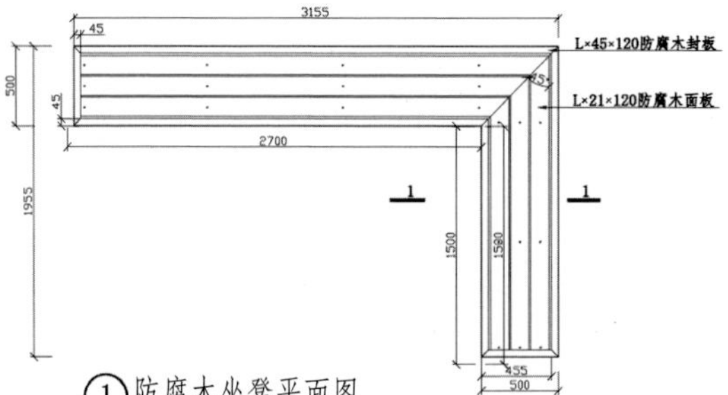
3155
45
L×45×120防腐木封板
L×21×120防腐木面板
2700
1955
1500
1580
455
500

① 防腐木坐凳平面图

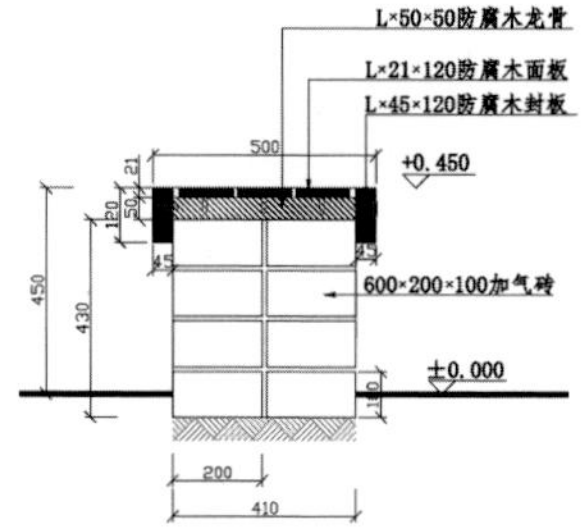
L×50×50防腐木龙骨
L×21×120防腐木面板
L×45×120防腐木封板
500
+0.450
600×200×100加气砖
±0.000
200
410

② 防腐木坐凳1—1断面图

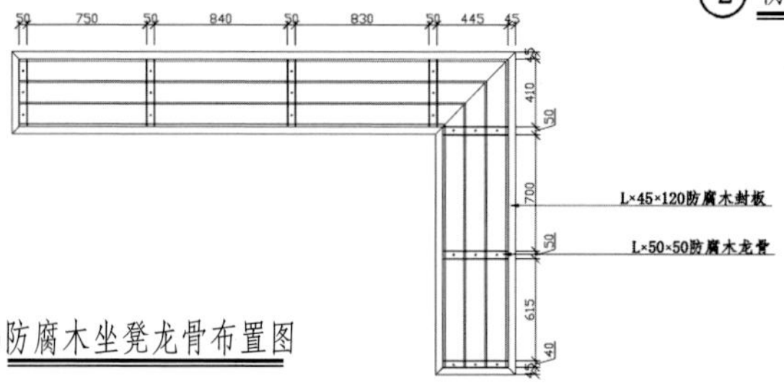
50
750
840
830
445
45
L×45×120防腐木封板
L×50×50防腐木龙骨

③ 防腐木坐凳龙骨布置图

施工图纸 CONSTRUCTION DRAWINGS

作品点评 COMMENTS ON WORKS

方案线条平直流畅，琴键形设计与花镜相结合，具有旋律感。整体布局大方，结构关系处理得不错，参与感与趣味性都很好。

花重锦城

作品介绍 INTRODUCTION TO WORKS

根据成都的地理文化和特色，结合想象中锦城的春天，以成都二环路为基本形成八边形构图。墙喻西岭山，水喻都江堰，入口放置木屏风，体现成都悠久的历史文化；内部花镜采用“飘带”的构图连接两个空间，展现出“锦官城”的流光溢彩、繁花似锦，这也是方案名称“花重锦城”的来源。在有限的范围内，把山水、植物、小品等有机融合，筑造出潺潺流水的花园意境。通过水景的动静、花镜与园路的曲直、空间的闭合等对比手法，形成不同的景观效果。观赏路线合理布局，植物配置上选用乡土树种，结合地形两三成团，高低错落、色彩艳丽，在入口形成开阔空间，从视觉上给人带来舒适感。游人能够移步异景，感受私密花园的丰富多样。

作者介绍 ABOUT THE AUTHORS

李鹏

男，毕业于江西省环境工程职业学院园林与建筑学院园林技术专业（设计方向）。现就职于奥冉（上海）建设工程设计有限公司，任景观施工图设计师。

黄慧琴

女，毕业于江西省环境工程职业学院园林与建筑学院园林技术专业（设计方向）。

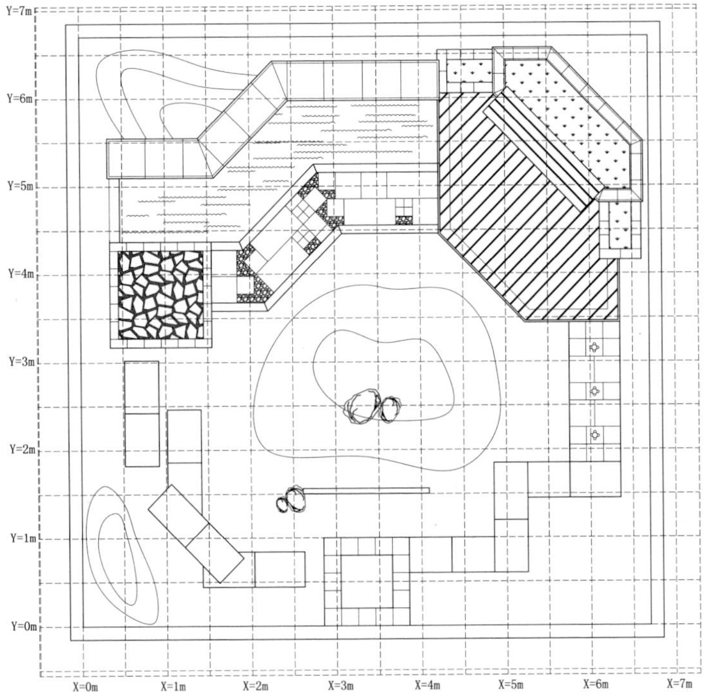

网格定位图

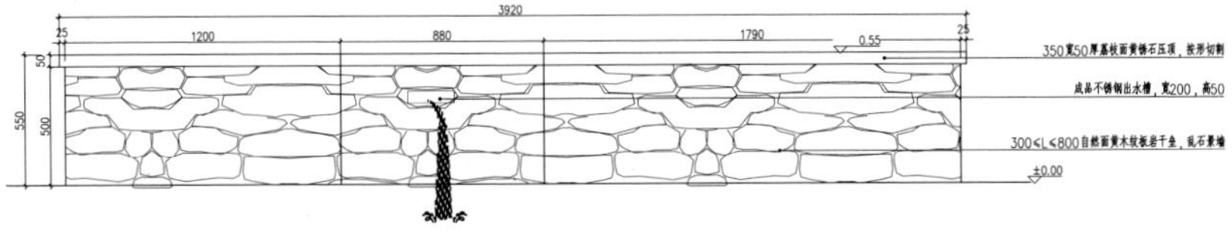

① 景墙立面图

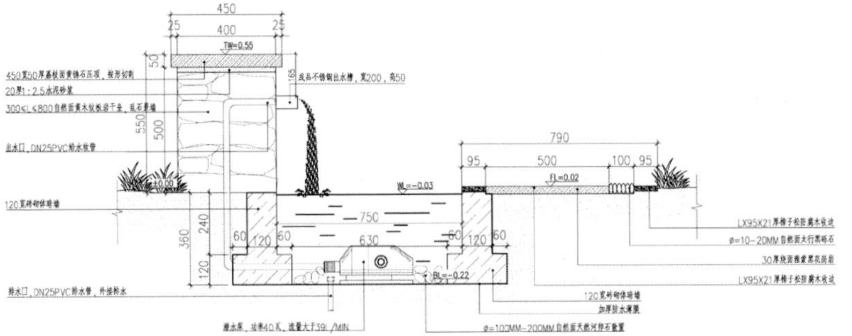

② 景墙节点剖面图

施工图纸 CONSTRUCTION DRAWINGS

作品点评 COMMENTS ON WORKS

该方案在构思立意上，抓住成都的地理特色和历史文脉的特点，结合景观内容合理地呈现以芙蓉和蜀锦为主题的内容，形成较好的景观效果。在景观布局上，该方案能在有限的空间内进行细分，形成主次分明、大小怡人、变化有序的景观空间，结构合理，尺度适宜。在景观内容上，木屏风、花坛、座凳、木平台、水景、汀步等通过园路和地被色带合理有机地组织在一起，尺度适宜，形式多样，内容丰富。在植物配置上，合理地进行配置，形成中央层次分明的自然式群落，周边点缀配合的植物景观，根据植物的尺度与硬景结合，起伏有序，摇曳多姿。

指导老师 GUIDANCE TEACHER

李刚

男，高级工程师，2003年毕业于江西农业大学园林专业，江西环境工程职业学院园林专业教师，风景园林教研室主任，一直从事园林设计和园林专业教学工作。主持江西省园林技术专业省级专业教学资源库的建设，主持建设省级园林设计大师工作室。先后于2017年、2019年两次指导学生获得全国职业院校技能大赛园林景观设计与施工竞赛一等奖，2019年指导学生获得成都国手杯设计赛金奖。

璞园

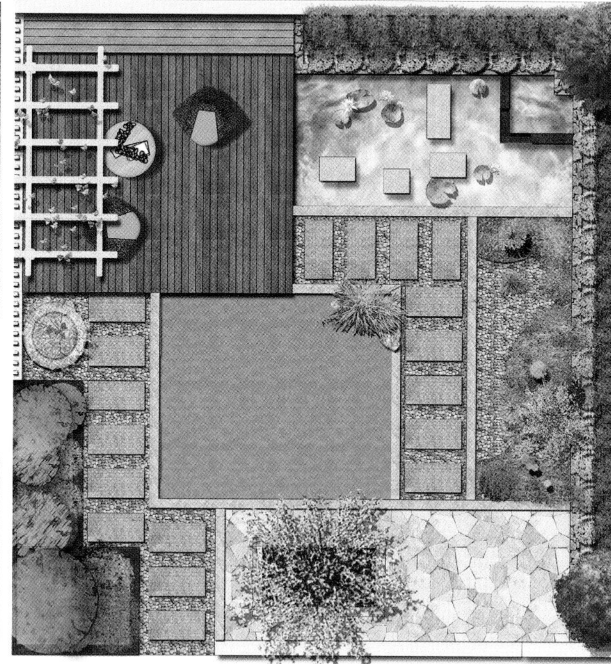

作品介绍 INTRODUCTION TO WORKS

生活于城市之中，难免感慨——秘境难寻，草木稀疏，若有一方庭院，增色红尘岁月，回归平淡生活，岂不乐哉？初极狭，复行一两步，豁然开朗。简单大方，充满现代风格的璞园映入眼帘。四周绿植围绕，高低错落，色彩各异，将自然悄悄引入园中。“回”字形的小路将璞园各结构串联成一个整体。灵动的叠水川流不息，木平台紧临叠水，静听自然的声音。感受璞园，感受自然，感受成都的慢生活。现代简约的花架搭于木平台上，藤蔓植物攀援而上，尽情盛放，自然而怡人。中间一洼草坪过渡入口硬质铺装与休闲区，柔化周围规则边线，呼应四周绿植。边角点缀一颗自然景石，虽人为，若自然。

施工图纸 CONSTRUCTION DRAWINGS

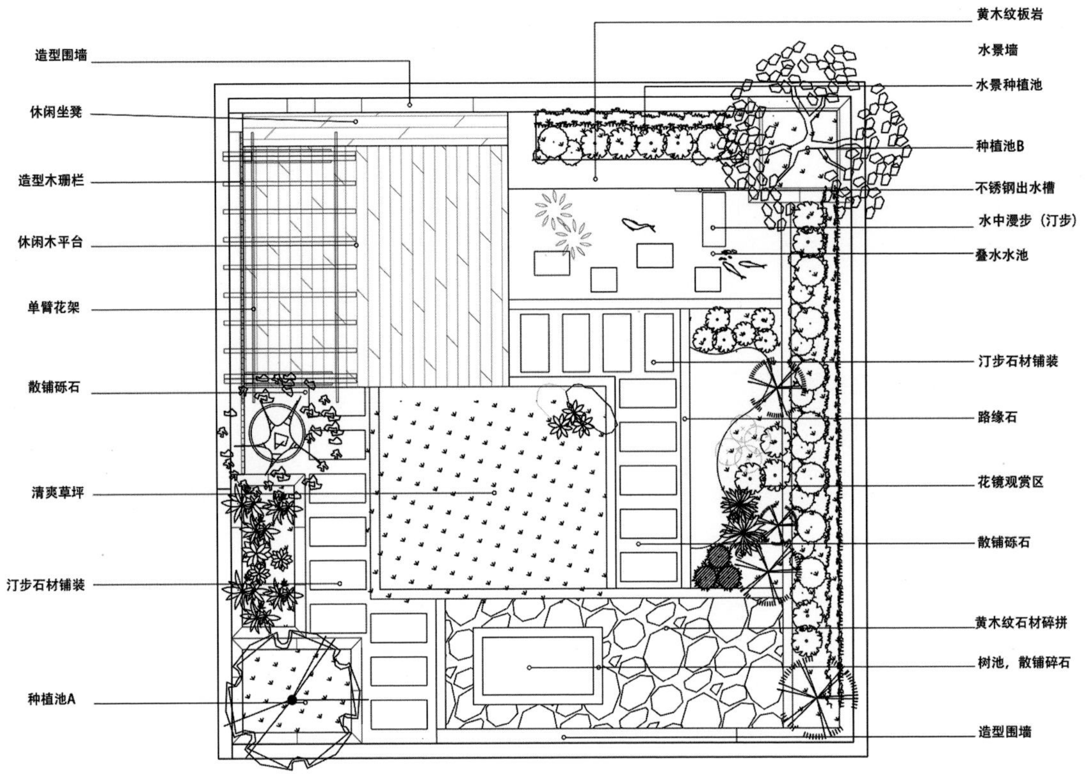

造型围墙
休闲坐凳
造型木栅栏
休闲木平台
单臂花架
散铺砾石
清爽草坪
汀步石材铺装
种植池A
黄木纹板岩
水景墙
水景种植池
种植池B
不锈钢出水槽
水中漫步（汀步）
叠水水池
汀步石材铺装
路缘石
花镜观赏区
散铺砾石
黄木纹石材碎拼
树池，散铺碎石
造型围墙

作者介绍 ABOUT THE AUTHORS

文勇

男，曾就职于四川芳心草集团。

汪国江

男，青年造园人，园林景观专业毕业。现就职于四川芳心草集团，任主案设计师。

指导老师 GUIDANCE TEACHER

彭捷夫

男，毕业于四川教育学院，现就职于成都芳心草园林景观工程有限公司，任总经理一职，兼任四川艺术学院客座教授。从事园林行业十余年，积累了丰富的园林经验，对于企业管理和网络营销也有丰富的经验。

作品点评 COMMENTS ON WORKS

构思简单，空间得到合理利用，具有空间感，但水景、汀步显得有些多余杂乱。

PART2

优秀作品

WORKS OF EXCELLENCE

吾竹草堂

作品介绍
INTRODUCTION TO WORKS

蜀南竹海天下翠，成都苍茫的竹海就像无穷的宝库，孕育着华夏文明，青翠的竹林是这个民族的精神支柱。日出有轻阴，月照有清影，竹子一直被誉为“无声的诗，立体的画”。“吾竹草堂”的设计初衷以竹为师、以竹为友，利用竹子的林下空间与花境，营造一个雅静清幽的空间氛围，增加休息的舒适感。在入口处栽植竹子作为花园空间的起点，利用竹林的形态营造幽静的空间，更加体现东方文化的韵味。

作品点评 COMMENTS ON WORKS

设计结合竹海主题，整体布局层次丰富，但缺少主景。在实际比赛过程中，场地外围无法实现设计方案中表现的竹海外围环境，会对实施后的成品展现有一定影响。

作者介绍 ABOUT THE AUTHORS

刘小雪

女，毕业于内蒙古农业大学风景园林专业。现就职于呼和浩特市园林综合服务项目中心设计部。

兰臻

男，毕业于内蒙古农业大学风景园林专业。现就职于内蒙古工大建筑设计有限公司规划与园林景观所。

印园

作品介绍 INTRODUCTION TO WORKS

从文化角度到景观效果，印园是从老成都印象中得到的设计灵感，并在其基础上加以现代化手法的修饰。入口处的墙面造景是取成都景点“宽窄巷子”的青砖作为局部造景，人行走在其中时，既能感受到老成都的特殊情怀，亦能在现代手法的处理下感受到成都的时代变迁。

作者介绍 ABOUT THE AUTHORS

谭加敏

男，毕业于西南财经大学天府学院环境艺术系。现就职于成都艺境·花仙子景观工程有限公司，担任高端别墅庭院主创设计师。

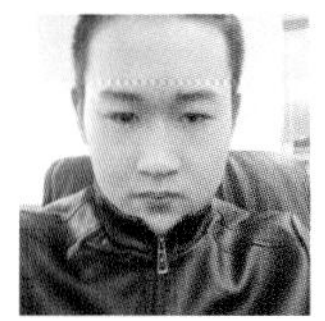

杨文涛

男，毕业于绵阳建筑装饰学院环境艺术专业。现就职于成都艺境·花仙子景观工程有限公司，担任主案设计师。

作品点评 COMMENTS ON WORKS

空间构图把握比较好，比较成熟。构思与立意相互结合，动线、功能、成景效果都有考虑，图纸表现力较强。虽然作为比赛图纸来说实现难度颇高，但成型效果会很好。

“W”花园

作品介绍 INTRODUCTION TO WORKS

老子曰：“人法地，地法天，天法道，道法自然。”在造园行业里能做到“虽由人作，宛自天开”是许多造园人的夙求，本案的主体风格是对自然主义进行精髓提炼。在构成关系上，用蜿蜒的园路和自然石板桥将场地一分为二，代表了象征蓉城的府南河，也寓意着太极的阴阳平衡，旱溪穿插左右，代表“你中有我、我中有你”的东方哲学思想。本方案从色彩关系上摒弃了传统五颜六色的热闹配色，而是选择了大面积绿地点缀白色，白色是光谱中所有颜色的集合，代表了内心五彩斑斓的世界最终表达为纯净的白色。旱溪中心有一叶孤舟的苔藓微景观，寓意着可望而不可求的内心深处的极致美好。

作者介绍 ABOUT THE AUTHORS

王颖

女，毕业于四川理工学院环境艺术设计专业。

刘涛

男，毕业于成都艺术职业大学景观设计专业。现就职于成都绿豪大自然园林绿化有限公司。

作品点评 COMMENTS ON WORKS

花园采用“道法自然”的理念，W形的布局，很好地应用空间，打破空间方正的形式，效果自然生态，呈偏一隅而观天下之势，实施性也很好。

清锦 · 园

作者介绍 ABOUT THE AUTHORS

於锦

女，就读于安庆职业技术学院，17 级园林技术专业学生。

王清

女，就读于安庆职业技术学院，17 级园林技术专业学生。

作品介绍 INTRODUCTION TO WORKS

在春天的锦官城里，一方小园中，两个层次、三块木平台，与向另一方舒展的一个同形花坛、两方矮墙及一条自然弯曲的小路，形成兰花剪影；矮墙中置线状跌水，水流注入水池，如兰吐露。在春天的花园里，一兰临水，如剪影入月，衬以从外形到内涵与兰相通的植物，如竹、石竹、木芙蓉等，以小见大，代表着我们心中诗意的锦官城。

指导老师 GUIDANCE TEACHER

唐长贞

女，安庆职业技术学院教师，高级工程师、注册监理工程师、教授，安徽省教学名师，有18年事业单位和10年专任教师工作经历。作为主要技术人员参与完成的项目曾获得“中国人居环境范例奖”和安徽省优秀规划设计等奖。

作品点评 COMMENTS ON WORKS

王清和於锦是同学们眼里的白月光，勤勉上进，自强不息。“清锦·园”将她们对美好意境和对锦城重庆的理解与对人格的理解融为一起，“清锦如兰，静待明月”。设计作品将园路、水体、景墙、花坛木平台等景观元素化为线条，实现如同剪影般的构图，形式和内容结合自然，较好地实现了“春天·在成都”“秘密花园”的设计主题。

水光鲁韵 七米方塘

作品介绍 INTRODUCTION TO WORKS

“空间不是一种消极静止的存在，而是一种生动的力量。”本方案打破传统的空间壁垒，以曲线的语言、明暗交替的色调，使空间在行走中延续，在延续中变化，在变化中融合。变化的地形和近人的环境为每位进入的观赏者带来独特的触觉、视觉和文化体验。

设计源自对场地精神的尊重，在利用现有活动场所的同时，延续山水脉络，实现鲁韵文化中最珍贵的“意境美”，以此实现真正的文化共融，创造了一个具有地域性的七米方塘景观空间。安静的水面倒映着造型松树，水底散落的石子使整个画面融为一体。《长物志·水石》中写到“水令人远，石令人古，园林水石，最不可无”。

作者介绍 ABOUT THE AUTHORS

李红蕾

女，毕业于华北水利水电大学艺术设计景观设计专业。现任澳斯派克（北京）景观规划设计内蒙古分公司主创设计师、内蒙古壹世界景观规划设计有限责任公司首席设计师。

王若冰

女，毕业于武汉生物工程学院园林专业。现任澳斯派克（北京）景观规划设计内蒙古分公司主创设计师、内蒙古壹世界景观规划设计有限责任公司主创设计师。

指导老师 GUIDANCE TEACHER

段广德

男，毕业于北京林业大学风景园林专业，现为内蒙古农业大学林学院教授、硕士生导师、风景园林学学科主任，内蒙古自治区住建厅、内蒙古自治区林业厅专家组成员。主持和参加了多项规划设计任务。长期讲授“风景区规划”“园林艺术”等园林专业本科课程以及“风景园林设计”“风景园林设计studio”等研究生课程，擅长案例教学，多次受邀开展相关专业的社会培训讲座。

闫伟

男，毕业于内蒙古农业大学园林专业，现任澳斯派克（北京）景观规划设计有限公司内蒙古分公司总负责人、内蒙古壹世界景观规划设计有限责任公司院长、高级园林工程师。从业工作近20余年，拥有丰富的设计经验。曾主持白塔机场新建办公大楼前广场景观设计，获得鲁班奖。

作品点评 COMMENTS ON WORKS

该作品结构清晰、效果表现力强，场地与主题结合明确，很好地表现了项目的设计理念。本案很好地融合了齐鲁大地的地域文化特色，使整体设计不仅在审美上有突破创新，骨架上更有文化内涵支撑。方案中有山、有水、有石、有桥、有景墙，内容丰富饱满，巧妙合理的搭配创造出了一个独具鲁韵特色的七米方塘。

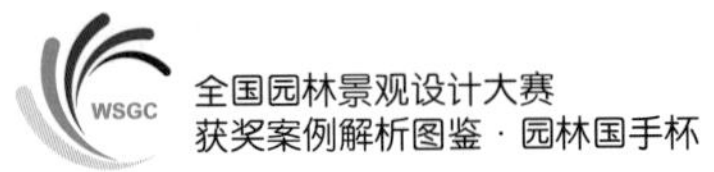

芳香花园

作品介绍 INTRODUCTION TO WORKS

作品设计风格为现代风格，主要以梯台、层次多样的花池与下层式的休息区为特色，设计理念遵循包豪斯设计艺术表达方式，主要以多块状的方式进行组合，形成一个半开放式的围合空间布局。在植物空间营造上，以芳香植物为特色，用桂花作为花园的中心；第二层次运用多彩、可爱、形式多样的时令花卉进行组合；第三层运用三角梅、树状月季等灌木进行围合空间，使空间形成一个具有半包裹性、通透性的软景景观。作品整体呈现的是一个小气候的花卉秘境空间，在这里，可以享受芬芳多彩的花卉与自然的流水景观，可以在下沉式的榻榻米上喝茶、看书、休憩、乘凉。

作者介绍 ABOUT THE AUTHORS

彭国豪

男，毕业于四川传媒学院艺术设计专业（环艺方向），现就职于成都同立园林绿化有限公司，任设计师。

指导老师 GUIDANCE TEACHER

祝鸣川

男，毕业于四川师范大学成都学院装饰艺术设计专业，专注园林行业10年，现就职于成都同立园林绿化有限公司，现任总经理职务。同任成都市温江区花卉协会秘书长。

作品点评 COMMENTS ON WORKS

借“花好月圆”之意境，打造“一带一路”下的“丝路花语，锦绣花语”。通过中式拙山理水缩影，借环线（圆意）园路明确空间动线，串联松、紧、放三个空间层次，借花香合理搭配地被、灌木、乔木三个空间层次植物，酿境于意，韵情于境。

阅廬小筑

作者介绍 ABOUT THE AUTHORS

田洪强

男，毕业于山东工艺美术学院环境艺术专业。现就职于成都艺境·花仙子景观工程有限公司，任设计总监。

王琳

女，毕业于四川传媒大学景观设计系。现就职于成都艺境·花仙子景观工程有限公司，任主创设计师。

作品介绍 INTRODUCTION TO WORKS

从景观设计空间出发，融入大气、野趣、山水、宽窄巷子、草堂等空间元素来呈现成都的味道。以“竹”为背景主题，结合水墨的烟雾朦胧。空间呈现出青水、翠竹、墨石头、青砖墙多种色彩，再配以彩叶植物丰富层次，呈现出一派“一两三枝竹竿，四五六片竹叶；自然淡淡疏疏，何必重重叠叠”的景色。

作品点评 COMMENTS ON WORKS

文化符号强烈，细节到位，空间及交通布局合理，充满层次和趣味，材料及植物选择都不错，方案兼具功能性和观赏性。不过作为限时施工比赛的图纸，存在施工量过大、选手无法按时完赛的情况。

此间

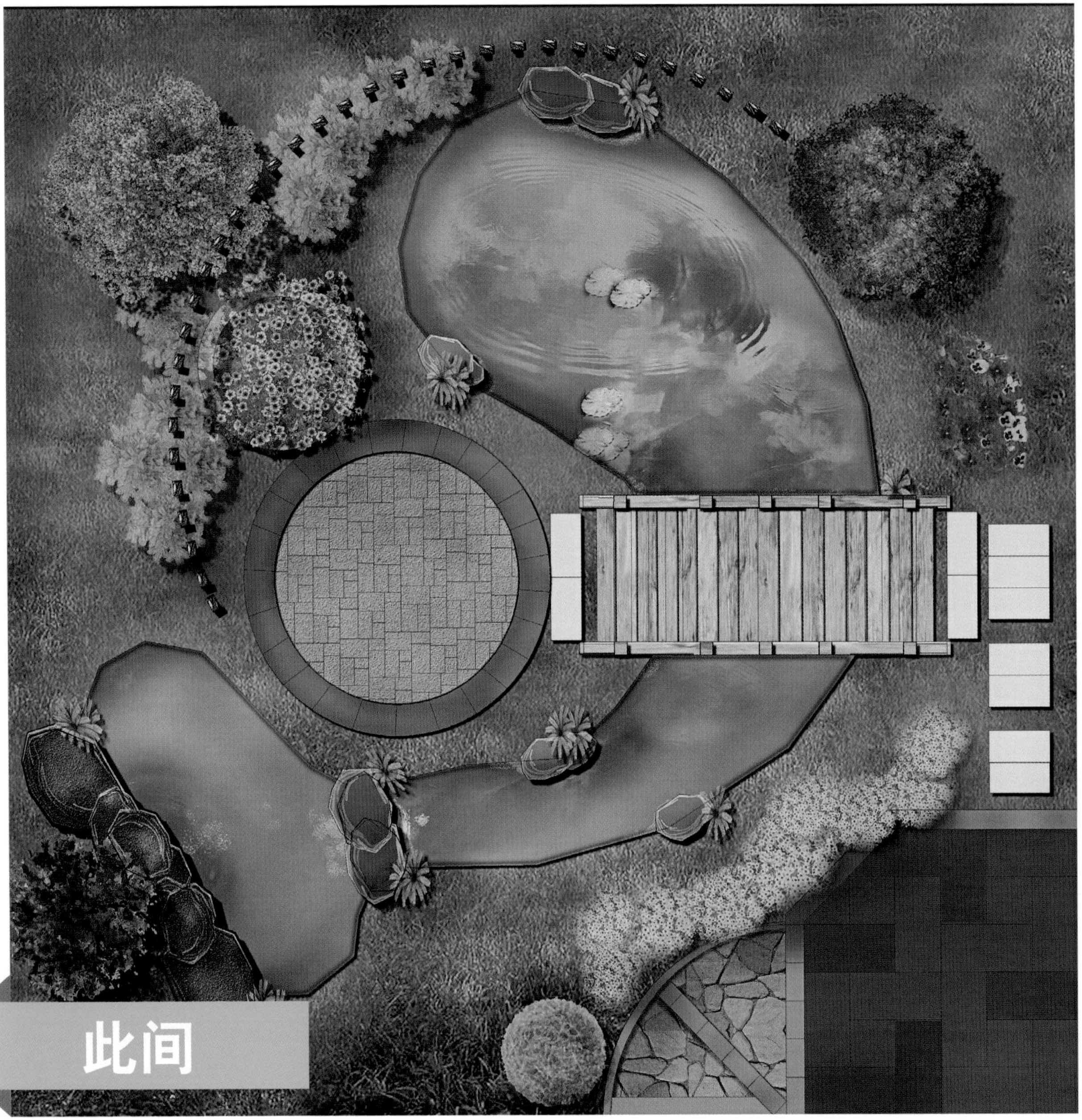

作者介绍 ABOUT THE AUTHORS

包雯

女，毕业于重庆三峡职业学院农林科技系风景园林设计专业。在2018年世界技能大赛中园艺项目（昌邑）国际邀请赛中荣获“国手杯”景观设计金奖。现任职于四川竹宇乡源规划有限公司，任景观设计师。

作品介绍 INTRODUCTION TO WORKS

此间独属，无关风月，无关世俗。本方案占地面积49米^2，利用地形的绵延婉转结合奇花异木，呈现出步移景异的效果，结合视觉高差感，利用材料带给人蜿蜒曲折的感觉。起承转合，韵律有宜，石令人古，水令人远。水景采用“鱼”的构型，圆润祥和。编木拱桥采用传统工艺，体现大国匠心。植物造型结合铺装构成“鱼”的造型，双鱼嬉水，营造出一个丰富、静谧的私人空间，一个秘密花园。

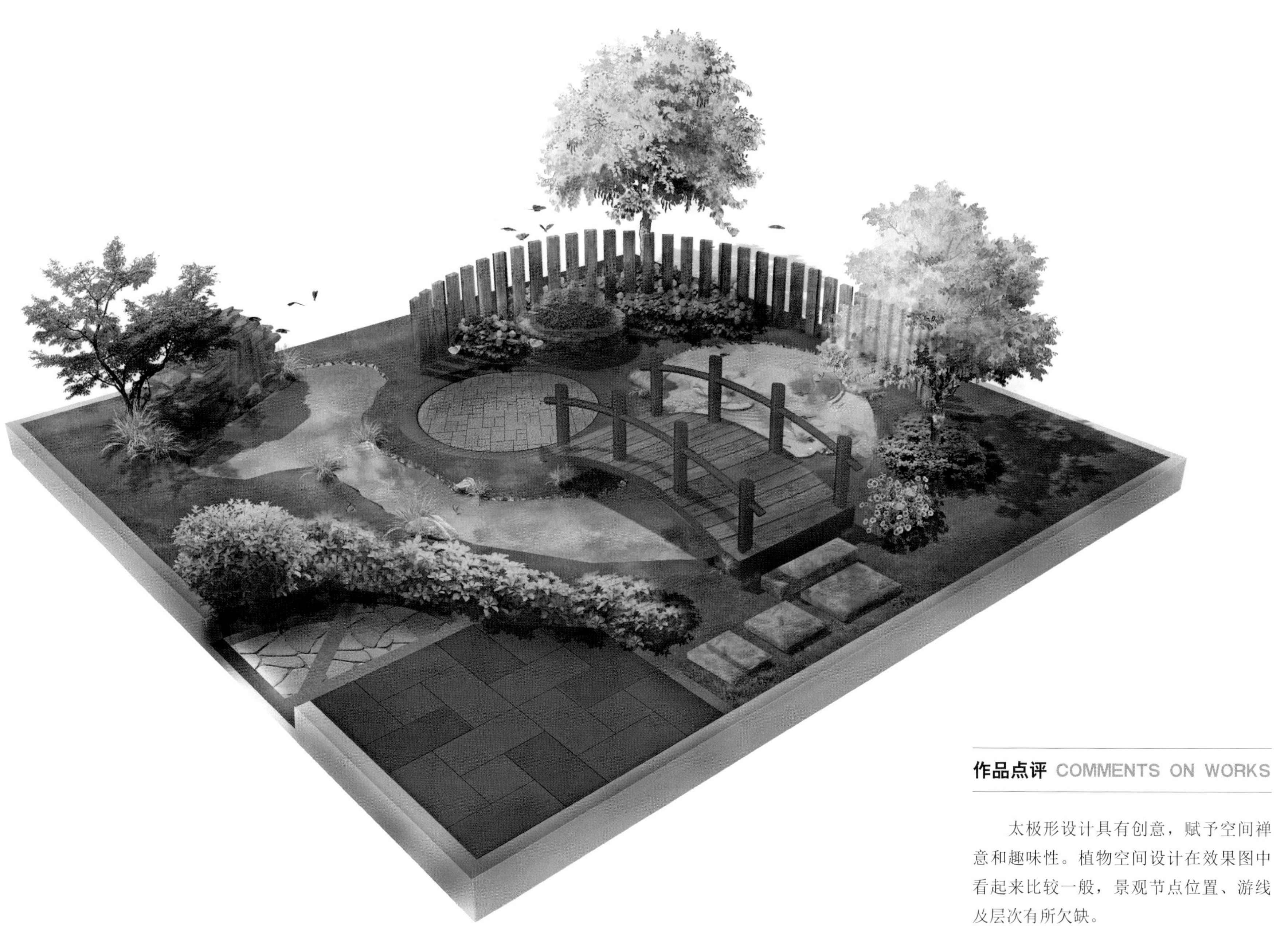

作品点评 COMMENTS ON WORKS

太极形设计具有创意，赋予空间禅意和趣味性。植物空间设计在效果图中看起来比较一般，景观节点位置、游线及层次有所欠缺。

适乐 · 园

作者介绍 ABOUT THE AUTHORS

杜振明

男，毕业于山东工艺美术学院环境艺术系。任职于莱州市源艺市政工程有限公司。

作品介绍 INTRODUCTION TO WORKS

本设计方案以跟随时代发展的同时继承传统文化为主题思想，设计方案名为“适乐·园”。此方案假拟休闲平台后景墙位置为正北方，整体设计为“回”字形。主入口为东南方向，主入口地面铺装采用石材“回”字形拼花，石材植物木质搭配铺装的回纹状汀步路面把人引进主景观叠水休闲平台。

作品点评 COMMENTS ON WORKS

引用道教文化与景观结合，将小空间形成围合式游园，想法不错，有设计亮点，但稍显细碎。

归方

作品介绍 INTRODUCTION TO WORKS

“归”取返回之意，“方”即方寸之地，“归方”则为返回内心，回归本质。小院中，以小见大，以池理水，以石作山，表现出一种山水之乐的思想。“知者乐水，仁者乐山；知者动，仁者静；知者乐，仁者寿。”表达了对仁智乐寿的美好向往。为软化建筑结构所带来的硬质感，植物造景上采用多层次、自然式的配置，将繁多的植物进行搭配，打造出一所花园式小院，花期长，花色多变，紧扣大赛主题。

作品点评 COMMENTS ON WORKS

中心型空间布局将人与景融合、关联、包容。立意“归方”，归而向其外，在外观其内。

作者介绍 ABOUT THE AUTHORS

李涛

男，2013年毕业于辽宁地质工程职业学院园林专业。现就职于北京绿京华景观规划设计院有限公司，任景观施工图设计师。

崔莲莲

女，毕业于河北农业大学园林专业。曾就职于北京绿京华景观规划设计院有限公司。

指导老师 GUIDANCE TEACHER

邓艳华

女，北京绿京华景观规划设计研究院有限公司董事、总经理，中国风景园林学会理事，主要负责景观设计管理工作。

探源

作者介绍 ABOUT THE AUTHORS

刘玮芳

女，风景园林专业硕士，现为池州职业技术学院建筑与园林系专业教师。

徐洪武

男，现为池州职业技术学院建筑与园林系专业教师，教研室主任。

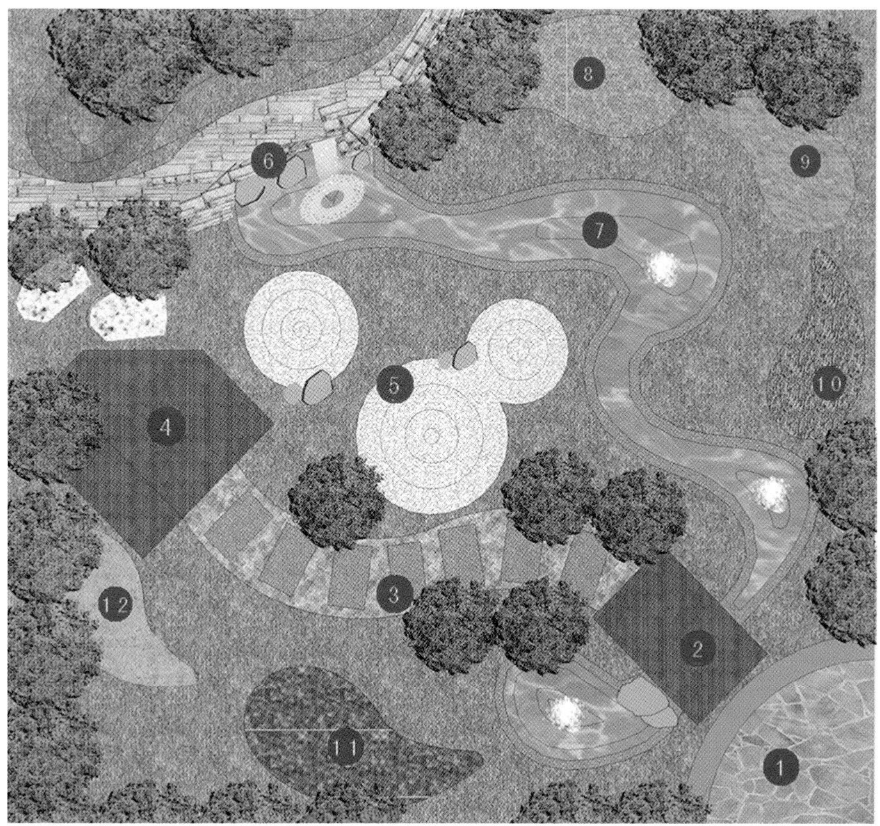

作品介绍 INTRODUCTION TO WORKS

本方案为现代中式园林，“一山一水一圣人，一草一木孕共生”，方案平面中心布置象征“一池三山”的白砂砾。三仙山之一的蓬莱源于山东胶东半岛，古典园林的方壶胜境乃园林之本，追本溯源，道法自然，“天地有大美而不言”。中心山水空间周边围绕的是分别象征“礼”“义”“仁”“信”“智”的植被组团，呈众星拱月之势。

作品点评 COMMENTS ON WORKS

作品以古典园林中“一池三山”的园林形态为雏形，突出体现方壶胜境的园林之本，旨在表现追本溯源、道法自然的中心思想，主题突出，空间布局合理且寓意丰富。植物搭配则与地域文化呼应，用植被组团体现“礼义仁智信”的五常之道，孔孟文化与园林环境相互渗透、相辅相成。

寻一方庭院，守一束繁花

作品介绍
INTRODUCTION TO WORKS

“寻一方庭院，守一束繁花”，寻的是清净之地，守的是怡人愉心。慢慢走上台阶，站在入口处，倾听潺潺的水流声，享受着落英缤纷，走过木桥，不禁好奇景墙之后有哪些优美之处。穿过景墙，视野渐渐明朗起来，脚下的火山岩铺装象征着海绵城市的生态原理，周围的植物疏影暗香，清雅芬芳，令人感觉豁然开朗。将叶广度先生关于庭院美学的十字，即“清淡、优雅、静秀、冷逸、超洁”恰当地运用其中，使作品更具生动性。

作者介绍 ABOUT THE AUTHORS

李春阳

女，毕业于内蒙古农业大学园林专业。现就职于内蒙古蒙强绿化有限公司，任设计师。

李相东

男，曾获2018年世界技能大赛园艺项目（昌邑）国际邀请赛“国手杯”设计大赛优秀奖。现就职于内蒙古壹世界景观规划设计有限责任公司，任设计师。

指导老师 GUIDANCE TEACHER

杨永志

男，1980年2月出生，现任内蒙古农业大学林学院园林系副主任。2008年7月毕业于内蒙古农业大学林学院园林专业，毕业后留校任教，从事园林规划设计教学工作，主持各类园林规划设计项目四十余项。

作品点评 COMMENTS ON WORKS

该方案构思立意新颖，主题明确，设计风格独特，感染力强。设计者能够抓住场地特征对空间进行合理布局，景观形式丰富，巧妙地运用了水、植物、铺装和园林构筑物等景观设计要素，乔、灌、草配置合理并充分注重了植物的季相效果。方案在注重立意和表现形式的同时也具有很强的可实施性。

浣花溪 · 醉锦城

作品介绍 INTRODUCTION TO WORKS

园中道路蜿蜒回环，碎拼、汀步妙趣横生，木平台临水铺设且闻流水之声，水中锦鲤嬉戏，烟雾缭绕。择恬静之处设弧形花坛，配有木质座凳，可赏景可休憩。园中多处栽植有各类草花，花团锦簇，春意盎然。回眸时“晓看红湿处”，恍然间竟已“花重锦官城”。流连园中，宛若梦境，如痴如醉。

作品点评 COMMENTS ON WORKS

作品以园中春景喻城中春来，小中见大，立意独特。景观布局以环路绕园，私密空间营造得恰到好处，游园时沉醉园中，流连忘返。植物搭配选择了各类色彩丰富的草花地被，营造出春意盎然的景观。

作者介绍 ABOUT THE AUTHORS

文青青

女，就读于南通科技职业学院环境艺术设计专业。

叶子阳

男，就读于南通科技职业学院园林工程专业。

指导老师 GUIDANCE TEACHER

许可

女，党员，硕士研究生，南通科技职业学院园艺与景观工程学院讲师。主要承担“庭院景观设计”“园林规划设计”等课程的教学工作，多次指导学生参加国家级、省级、市级各类技能大赛，并获得较好成绩。

空灵

作品介绍 INTRODUCTION TO WORKS

主题“空灵”指灵动的空间，面积为49米^2，形状为边长7米的正方形，以休闲、水景景观、植物营造为主体，用砖墙、木作、绿篱三种元素解决其空间私密性。以人为本，营造人性空间，满足功能需求。入院后一个缓冲铺装，让人感觉放松，同时用不同的铺贴方式体现路径的层次和游园的趣味性。一株造型独特的罗汉松，提高院子的档次与文化。无水不成园，水景动静结合，闹中取静。

作者介绍 ABOUT THE AUTHORS

孙大进

男，从业时间六年。现就职于四川芳心草园艺有限责任公司，任设计总监。设计理念：花园是对品质生活的追求，是对美好生活的探索。

周传军

男，自2008年起从事造园行业。现就职于四川芳心草园艺有限责任公司，任高级设计师。设计理念：对基地和机能直接而简单的反应是最有效的方式。

指导老师 GUIDANCE TEACHER

彭捷夫

男，毕业于四川教育学院，现就职于四川芳心草园林景观工程有限公司，任总经理一职，兼任四川艺术学院客座教授。从事园林行业十余年，积累了丰富的园林经验，对于企业管理和网络营销也有丰富的经验。

作品点评 COMMENTS ON WORKS

“院”的感觉表现到位，围合形态多而不乱，圆形景墙给人以东方情调。但水景、平台、汀步的结合与冲突太拘束，缺乏张力。

秋日私语

作品介绍 INTRODUCTION TO WORKS

方案设计采用的元素均和音乐相关。地面由琴键演变而来的造型铺装，仿佛从踏进院落的那一刻起，音乐从脚下缓缓而生。音乐的源泉来自内心，来自院落中心的小水景。涌泉从吧台的立面叠级而下，发出叮叮咚咚的声音，温润美妙，有“大珠小珠落玉盘”的即视感。花园休闲区处的休闲平台形似一台钢琴，音乐的发源地就来自这里。

作者介绍 ABOUT THE AUTHORS

林祝旭

女，任职于四川芳心草园林景观工程有限公司。

江玉婷

女，任职于四川芳心草园林景观工程有限公司。

指导老师 GUIDANCE TEACHER

彭捷夫

男，毕业于四川教育学院，现就职于四川芳心草园林景观工程有限公司，任总经理一职，兼任四川艺术学院客座教授。从事园林行业十余年，积累了丰富的园林经验，对于企业管理和网络营销也有丰富的经验。

作品点评 COMMENTS ON WORKS

立意美好，浪漫唯美，路虽短却显得修长，空间形态设立具有生动的场景感。如果把廊架与整体融合度设计得更好，会更有味道。

时光秘影

作品介绍
INTRODUCTION TO WORKS

张娜

女，毕业于安徽城市管理职业学院园林技术专业。

陈寒寒

女，毕业于安徽城市管理职业学院风景园林设计专业。

作者介绍
ABOUT THE AUTHORS

《时光秘影》以时光为主要情感路线，借用象棋和键盘两个具有年代代表性的物品来表现时代的更迭。象棋为古代流行极为广泛的棋艺活动，键盘是现代最常用的输入设备，提取棋盘和键盘这两种元素来构成中心主要景观，将棋盘和键盘、古代和现代完美融合。镂空式景墙在阳光的照射下，将斑驳的倒影呈现在“楚河”中，使人感叹岁月如梭，亦可让人有在新时代和旧时代中交替穿梭的体验。采用“迷宫”的形式，使用景墙、屏风、座凳、树池等硬质景观围合周围空间，营造出私密的氛围。

指导老师 GUIDANCE TEACHER

惠惠

女，硕士，毕业于安徽农业大学风景园林专业。现任安徽城市管理职业学院城市建设学院风景园林专业教师，讲师。主要从事“园林工程设计”“景观建筑构造与设计”“施工图实景化技法”“景观植物识别”等多门专业课程的讲授。指导学生参加2017年安徽省职业技能大赛（高职组）园林景观设计赛项，获得一等奖，指导学生参加2019年安徽省职业技能大赛（高职组）园林景观设计与施工赛项，获得二等奖。

作品点评 COMMENTS ON WORKS

将历史悠久的棋盘和现今使用的键盘结合，营造展现“时光”交错的庭院景观，理念新颖，特色突出。植物群落与硬质小品交相辉映，形成精致的景观空间。“迷宫”式水景布局增强了亲水趣味性。但地面铺装稍显单调，地形高差缺乏变化，合理运用材料、优化细节将更利于作品主题的展现。

山影 · 花溪

作者介绍 ABOUT THE AUTHORS

宁慧鑫

男，毕业于北京农业职业学院园林技术专业。现就职于北京林大林业科技股份有限公司，任设计师助理。

张慧雷

男，毕业于北京农业职业学院园林技术专业。现就职于北京林大林业科技股份有限公司，任设计师助理。

作品介绍 INTRODUCTION TO WORKS

本方案设计灵感来自成都青城山的自然风光。“山影跌泉”运用了中国古典园林常用的以微缩的假山意指真山的造景手法，在方案中以自然石和砌筑结合，用现代抽象的方式演绎了青城山灵秀的山形轮廓。“白沙花溪”采用白沙枯山水的造景手法，“花溪”源于“山影跌泉”，水尾藏于竹影叠石之中，宛若山间溪流在花境竹林间若隐若现。“山影跌泉”中的跌泉水景与“白沙花溪”中静态白沙和地被花卉模拟的溪流，一动一静、一实一虚，移天缩地在一方，共同构建了一隅蕴含东方传统园林意境的现代花园。

指导老师 GUIDANCE TEACHER

夏振平

男，1983年毕业于北京林业大学（北京林学院）林学专业，硕士学位，副教授，曾任园林技术专业主任、现代园林学会理事，曾在北京多家园林企业担任技术顾问。

杨帆

女，北京林业大学风景园林学博士，园林工程师。北京农业职业学院园艺系园林技术专业教师，主讲“园林规划设计”课程；北京林大林业科技股份有限公司设计院外聘顾问。

作品点评 COMMENTS ON WORKS

《山影·花溪》灵感取于成都青城山。以青砖堆叠砌筑的水景跌泉意指自然山形，以白沙意指自然之水，水景动静结合、立意独特新颖。设计方案功能分区及交通路线清晰。植物配置色彩丰富，花灌乔木搭配相得益彰。

白云深处

作者介绍
ABOUT THE AUTHORS

荆璇

女，毕业于内蒙古农业大学风景园林专业。现就职于北京景园人园艺技能推广有限公司，任景观设计师。

康柔

女，毕业于内蒙古农业大学风景园林专业。现就职于北京景园人园艺技能推广有限公司，任景观设计师。

作品介绍
INTRODUCTION TO WORKS

不同规格的矩形通过相邻相交等一系列关系，组成现有的花园形态。通过高差处理，增加庭院花园的趣味性，其规则式与水池的自然式相结合，增加庭院花园的灵活性。作品主要有观赏和休憩两处节点，观景处有刚好没过雨花石的水流，有矮矮的石景墙，起到回收视线的作用，随处置放的景石，更加添加了无穷的随性之美。休息处前有观赏平台，后有立柱，右有花池，左边临近景墙，总体用高大的植物搭配种植，呈围合之势，给人以安全感。作品命名为“白云深处”，源于“白云深处有人家”，寓意庭院花园藏于深处，隐约可见。

作品点评 COMMENTS ON WORKS

层次丰富，具有故事性和趣味性，如回到童年在一涧山泉嬉戏，成景效果和图纸表现力都不错。

家·国·情·怀

作者介绍 ABOUT THE AUTHORS

赵小猛

男，现就职于安徽大木和石空间设计有限公司，任景观设计师。相关案例：东方丽景别墅庭院设计、宇仁徽街商业街规划。

作品介绍
INTRODUCTION TO WORKS

家国情怀，家的依恋，国的归属。以家为构筑元素，附以“中国结”为骨架，结出秘密花园。游子，家是思念，遥不可及，障景石墙，掩没了家的方向，将人隔绝在外，但是又触手可得。参差青砖断垣残壁，沉淀家的风韵，朴实无华的乡土气息扑面而来，家，迎面而来，是归途。归客，家是港湾，水景外置，配合景墙、栅格、廊架围合出一方天地，私密、安全、温暖，在港湾休养生息，再度起航。归途是坦途，去路是泥泞，碳化树皮，铺就的是成熟的道路。

作品点评 COMMENTS ON WORKS

图面景深丰富，但有些琐碎，可以适当调整减少，有取舍会更好。

圆园

作者介绍
ABOUT THE AUTHORS

朱彩霞

女，毕业于黄山学院。现就职于黄山市尚境园林景观有限公司，任设计师。

汪仕洋

男，毕业于黄山学院。现就职于黄山市尚境园林景观有限公司。

作品介绍
INTRODUCTION TO WORKS

本方案以圆的构造作为主要设计元素，用圆的外部造型和内部涵韵彰显私家花园祈福文化。圆与自然，以圆为美：在视觉上，方案使用圆形为构成母题，采用放射构成和变异构成实现多样统一的美学关系，方案圆润而富有弹性的线条给人以饱满、流畅、舒适、自然的视觉体验。圆与人文，以圆为善：在文化层面，与圆有关的词大多富有美好的寓意，如团圆、圆梦、圆满等，它能给人带来美好的意境联想，增添人在私家花园中的幸福感。而且，圆具有对称、圆顺、不偏不倚、公正、客观的品质。以圆为善是一种姿态，更是一种文化现象。

指导老师 GUIDANCE TEACHER

马涛

男，1985年生，回族，安徽亳州人。黄山学院园林教研室主任，硕士，讲师。第45届世界技能大赛中国技术指导专家，黄山市尚境园林景观有限公司设计总监。

作品点评 COMMENTS ON WORKS

该方案以“圆”作为方案创作的立意和表达的主题，以圆形作为方案造型的母题，充分诠释“圆”的饱满、流畅、舒适、自然等视觉形象美和团圆、圆满、圆梦等文化意境美。采用放射构成、对比构成等手法统一布局，烘托主景元素。利用花坛、花境、花墙等作为围合空间、分割空间、限制空间的主要元素，营造了移步换景、引人入胜的内向私密空间。

天府花事 · 独语石阑

作者介绍
ABOUT THE AUTHORS

马玉玉

女，就读于安徽职业技术学院艺术系环境与艺术专业。

方志生

男，就读于安徽职业技术学院艺术系环境与艺术专业。

作品介绍
INTRODUCTION TO WORKS

本案在空间上采用半围合的形式，与主题“秘密”相契合，利用两道石墙及中间休息条凳形成大包围与水池相连接，并与百花争艳的花径隔水相望，营造围抱之感，象征对于秘密的坚守。倚坐石凳，听潺潺流水，仿佛与石墙进行了一场心灵的交流。植被种植上较多地选用了颜色鲜艳的花，以营造百花争艳的“天府花事”。

指导老师 GUIDANCE TEACHER

赵楠

男，1990年3月出生，2018年6月获得安徽大学环境艺术设计专业硕士学位，现任安徽职业技术学院艺术设计学院专业教师。

作品点评 COMMENTS ON WORKS

此方案在立意上借用宋代女词人唐婉《钗头凤·世情薄》中的诗句“欲笺心事，独语斜阑”，表现一种“心中秘密，不便述说，却又希望对方知道”的矛盾心理，赋予空间强烈的内在情感，与大赛主题“秘密”相结合。在空间划分上采用了半围合式，利用石阑和木廊架形成半私密空间，叠水相依，汀步相连，极力营造一种安静祥和的空间情感。花径与木平台相视而立，彼此互为对景，空间利用率高。在植物搭配和材料运用上较为合理，不足之处在于景观布置过满，没有余地。

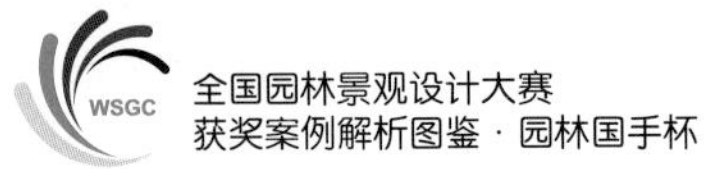

私·蜀（属）小筑

作者介绍
ABOUT THE AUTHORS

敖文红

女，毕业于重庆三峡职业学院风景园林设计专业。在2018年世界技能大赛园艺项目（昌邑）国际邀请赛获得“国手杯”景观设计金奖。现就读于重庆文理学院园林专业。

刘和静

女，籍贯重庆，大专毕业。

作品介绍
INTRODUCTION TO WORKS

蜀国四面环山，中间是盆地，万川汇聚，植被丰饶。故有：悠悠碧水傍林偎，日落观山四望回，峰临路转孤明月，山泉冷水映碧台。设计秉承“自然的、生态的、休闲的、健康的”设计理念，引入“微花园”的植物配置与表达形式，营造“沉”下去的美。

指导老师 GUIDANCE TEACHER

李晓曼

女，1980年9月出生，硕士研究生，辽宁人，风景园林设计师，园林工程师，重庆市女风景园林师协会常委委员，风景园林设计教研室主任。主要从事园林设计及景观生态研究，积累了丰富的工作经验。

作品点评 COMMENTS ON WORKS

“悠悠碧水傍林偎，日落观山四望回。”设计取意蜀国地势变化丰富的特点，营造了一个“沉”下去的花园。引入“园中园”的设计手法，运用佛甲草、冷水花、小花三色堇、细叶芒、情人草、玉簪等形成微种植景观。

丝 · 竹韵

作者介绍
ABOUT THE AUTHORS

周家威

男，就读于马鞍山师范高等专科学校环境艺术设计系。

曹雪莉

女，毕业于马鞍山师范高等专科学校环境艺术设计系。现就职于安徽智朗艺术设计有限公司。

作品介绍
INTRODUCTION TO WORKS

竹子本身就有一种天然的神韵，一种使人肃然起敬的风格，一种和心灵共振的意境。该花园通过丰富多变的园林绿化植物配置，以竹为主，将不同树姿、不同叶色、不同花期、不同花色、具香味的园林植物加以展显，形成乔木、灌木、草花、草坪相结合的复层置物空间结构，在有限的中间绿化范围内，创造出高低错落的小地形，丰富植物的林冠线，形成高低错落、疏密相间的自然风景。

指导老师 GUIDANCE TEACHER

沈婷

女，讲师，硕士，中国设计师协会会员，马鞍山设计艺术家协会会员，中国注册中级室内设计师。参编教材《装饰艺术》，2012年获得中国建筑艺术“青年设计师奖”最佳指导教师奖，2012年指导学生获得“安徽省职业技能大赛高职组园林景观设计”二等奖，2012指导学生获得中国建筑艺术“青年设计师奖”优秀奖、入围奖。发表教科研学术论文十余篇，个人主持参与发明外观及实用新型专利十余项。

作品点评 COMMENTS ON WORKS

该花园通过合理的空间布局和丰富的植物配置，营造出精致的庭院，总体构图条理清晰、构图严谨、主从分明，在各个节点上布置装饰物，强调了庭院景观的节奏感。

静思园

作者介绍
ABOUT THE AUTHORS

张晓红

女，毕业于甘肃农业大学，就职于甘肃林业职业技术学院。有十六年工作经验，多次指导学生参加比赛获奖，同时获得全国优秀指导教师奖、甘肃省教育厅优秀指导教师奖。

徐瑞川

男，就读于甘肃农业大学。曾随指导教师张晓红参加国家林业局举办的全国第二届林业类职业技能大赛园林景观设计赛项，获全国第二名。

作品介绍
INTRODUCTION TO WORKS

本方案的设计主要是延续传统园林中对空间和意向的追求，现代的设计手法更加贴近现代对宁静生活的向往。通过虚实的结合，将传统文化中的“太极”和“脸谱”文化融入园中。本次主图以花园为主，所以多以花的空间层次表现整体园内的景观结构，利用园林中多种造景手法和材质肌理、简约现代而又温润儒雅的空间，于方寸之间为游人提供可游可憩、和谐、安逸的生态私密花园。

作品点评 COMMENTS ON WORKS

方案的设计指导思想是打造中国地域传统文化景观，采用源于自然而高于自然的设计手法，利用园林中多种造景手法和材质肌理，虚实结合，将传统文化中的“太极”和“脸谱”文化融入庭院景观中，于方寸之间为游人营造可游可憩、和谐、安逸的生态私密庭院。

道生万物

作者介绍
ABOUT THE AUTHORS

那何双

女，现就读于北京农业职业学院园林技术专业。

李子怡

女，现就读于北京农业职业学院。

作品介绍
INTRODUCTION TO WORKS

以道教传统东方哲学和山林水景为设计灵感，围绕“山水大境，雍然生活”的概念，结合巴蜀地形文化，设有两个微地形，两山夹一水。西南角的地形作为主景，营造的是一种密林的自然感觉；东北角用富有道教文化气息的罗汉松为主景，配合从岩石中顽强生长出的花草景色，营造一种顽强坚韧的感官体验。在园子中更是配置了五彩斑斓的花境，整体给人一种春之秘境之感。

指导老师 GUIDANCE TEACHER

宋阳

女，籍贯吉林，2018年获中国林业科学研究院博士学位，博士专业为城市林业，研究方向为城市森林与人居环境。现任北京农业职业学院园艺系园林专业专任教师，主要教授“园林规划设计”“园林工程设计”课程。

作品点评 COMMENTS ON WORKS

本作品以“道生万物”为设计理念，将自然科学和人文科学运用其中，万物负阴而抱阳，冲气以为和。总体布局合理，山水骨架流畅，以小见大，体现了“两山夹一盆地”的地貌特点，植物配置合理，丰富而不凌乱。

寻，秘之境

作者介绍
ABOUT THE AUTHORS

周沁沁

女，澳大利亚墨尔本景观建筑研究生，成都农业科技职业学院讲师、工程师，国家二级注册建筑师。

作品介绍
INTRODUCTION TO WORKS

本设计以“寻”为主线，以寻找自我为主景，以秘密花园为垫层，以下沉、抬升、平地做空间处理。让人在游览中有人生的起伏之感，能够在变换的景色中寻找到“真我”的存在。整个花园以竹子和矾根相结合的方式组成“寻觅引导”线条，围绕平地上的“平聚”空间种植杜鹃、洋地黄、飞燕草。水体围绕下沉的“沉闲”景观。蔷薇花架围绕抬高的“高台”景观。在游览最后，看清全园，也看清寻觅的自我。一切的秘密都在不断寻找之中一一展开，在游览之中一一解答。

作品点评 COMMENTS ON WORKS

立意与造型结合较好，造型流畅、优美、丰富且灵动，图纸表达清晰且成景效果不错。但作为比赛用图，小空间的处理有些复杂，施工工程量过大，不适合应用于比赛中。

方 · 圆

作者介绍 ABOUT THE AUTHORS

王竞尧

女，就读于四川大学风景园林专业。

夏丹梅

女，就读于四川农业大学园林高新技术与管理专业。

作品介绍 INTRODUCTION TO WORKS

院有方圆境自禅。方圆文化也是东方文化，其方，是刚毅之美，是力量与利落线条的重合，代表静止、土地、敦厚、正直与沉稳；与其交相辉映之圆，是人文处世之度，圆融之胸怀，圆代表幻化、高远、多变与柔。世间万物之形，均衍生自方圆。本设计方案整体线条以曲直线条为主，勾勒山川之型，山、水、林、田、泽五元素跟随河流的走向贯穿始终。

作品点评 COMMENTS ON WORKS

造型灵动，具有东方文化之美，木作山形的创意很好，但缺乏一些细节和收尾处理，没有一气呵成之感。

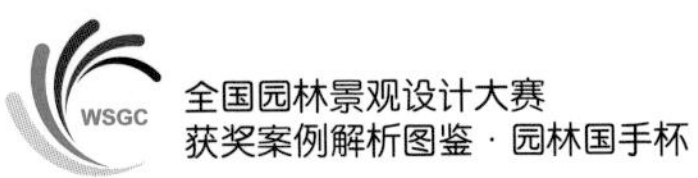

慢品味 · 乐生活

作者介绍 ABOUT THE AUTHORS

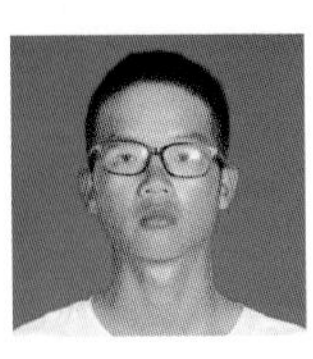

陈浩然

男，就读于岳阳职业技术学院，生物环境工程系园林技术17届在校生。

杨诗婷

女，就读于岳阳职业技术学院，生物环境工程系园林技术17届在校生。

作品点评 COMMENTS ON WORKS

作品采用规划式构图布局，通过花坛、水景、座凳、沙雕等景观元素诠释“慢品味 · 乐生活”的设计主题，景观结构合理，作品表述清晰。但植物组团可以更加丰富，局部施工工艺细节还需完善。

作品介绍 INTRODUCTION TO WORKS

设计以“慢品味·乐生活”为理念，在重要景观节点上打造静、清、雅三个特性。“静”指的是以水和树等元素以动衬静，同时通过用细沙堆砌而成的山形，象征着天府之国的崇山峻岭，以有限的空间把无限的大自然以优雅的形态体现出来，富于自然情趣，营造安静的空间；“雅”突出的是卵石、木材、青砖等景观材料的朴素质感，体现古朴和雅致；“清”意味着空气的清新和特殊的植物芬芳。同时，对设计要素进行组合，使之与设想的空间意境相吻合。

指导老师 GUIDANCE TEACHER

周舟

男，讲师，硕士学位。主要从事美丽乡村、居住区、别墅庭院等景观规划设计工作。曾参编教材多本，多次指导学生参与湖南省园林景观设计和施工技能比赛并获得奖项。

汤辉

男，高级工程师，学院“双师型”教师。先后在省级刊物发表论文2篇，参编规划教材4本，担任湖南省毕业设计抽查评审专家及技能抽查评审专家，指导学生参加湖南省技能竞赛，多次荣获二、三等奖。

醉花荫

作者介绍
ABOUT THE AUTHORS

李泽浩

男，毕业于池州职业技术学院园林技术专业。现就职于南京齐贤景观工程有限公司，任设计师。

李暴路

男，毕业于池州职业技术学院园林技术专业。现就职于山东溪地园林工程有限公司，任施工员。

作品介绍
INTRODUCTION TO WORKS

整个图纸的布局按照成都地图中的景点方位来划分各个观赏点。中间的圆形水池代表着市中心，是以成都特色——盖碗茶作为设计元素，中心的一层水、一层沙、一层草地，正对应着“一年所居成聚，二年成邑，三年成都”，蔓延出的沙，凝聚成为枯山水所意向成的金沙遗址，细碎的白沙、零散的置石，无一不代表着古蜀国曾经的繁华盛世，是中国古代文化的再次浮现。流水的叠石景墙位于西方，借用青城山的形态堆砌，潺潺的流水跌落飞溅，带起的风吹落岸边的花，沿着河道流入“茶碗”中，寓意着成都茶文化源远流长。弧形的平台层叠而上，隐于茂林修竹中，一览园中美景。

指导老师 GUIDANCE TEACHER

吴金林

男，毕业于安徽农业大学风景园林专业，目前为池州职业技术学院建筑与园林系专职教师。

作品点评 COMMENTS ON WORKS

寓意提取非常具有典型性，水于中央，如茶烟生气。但周边设计不够融入，形态和设计手法还可以做得更好。

凹园

作者介绍
ABOUT THE AUTHORS

单妮妮

女，就读于池州职业技术学院。

潘孝俊

男，就读于池州职业技术学院。

作品介绍
INTRODUCTION TO WORKS

凹（读wā，意为“洼”）园，源于四川盆地与成都平原的地形特点，寓意成都四周多山，而中间低洼的地形特点。设计中，因凹而成，用弧线组织景观，形成全园三边高、中间低、入口凹的布局。入口低平，寓意一江春水向东流，点明成都地形三面高、东边低洼的特点。中间低洼地用以体现成都平原的水与良田（花田）；西北角用黄木纹垒成山脉状景墙，正所谓“成都之水青城来”，这水滋润着漫山遍野的花木，一派郁郁葱葱的景象。园的南部设置宽窄错落的花池，好似成都“宽窄巷子”；花池下的花境犹如成都的春天，花满自溢；东北部则用高大的竹子围合，外加优美的乔灌木，营造春乐园。这就是我的秘密花境！

指导老师 GUIDANCE TEACHER

文萍芳

女，池州职业技术学院副教授，安徽省教坛新秀。主持国家级骨干专业——园林技术专业建设项目；主持安徽省教科研重点项目2项；获省级教学成果奖二等奖1项。指导学生参加全国职业院校技能大赛获二等奖。

作品点评 COMMENTS ON WORKS

凹园，以四川成都的地形特点设计，因凹而成，用弧线组织景观，形成三边高、中间低、入口凹的布局。黄木纹垒成山脉状景墙，寓意“成都之水青城来”；中间低洼地体现成都平原的水与良田；宽窄错落的花池和花池下的花境，犹如成都的春天——花满自溢。

秘境 · 奇缘

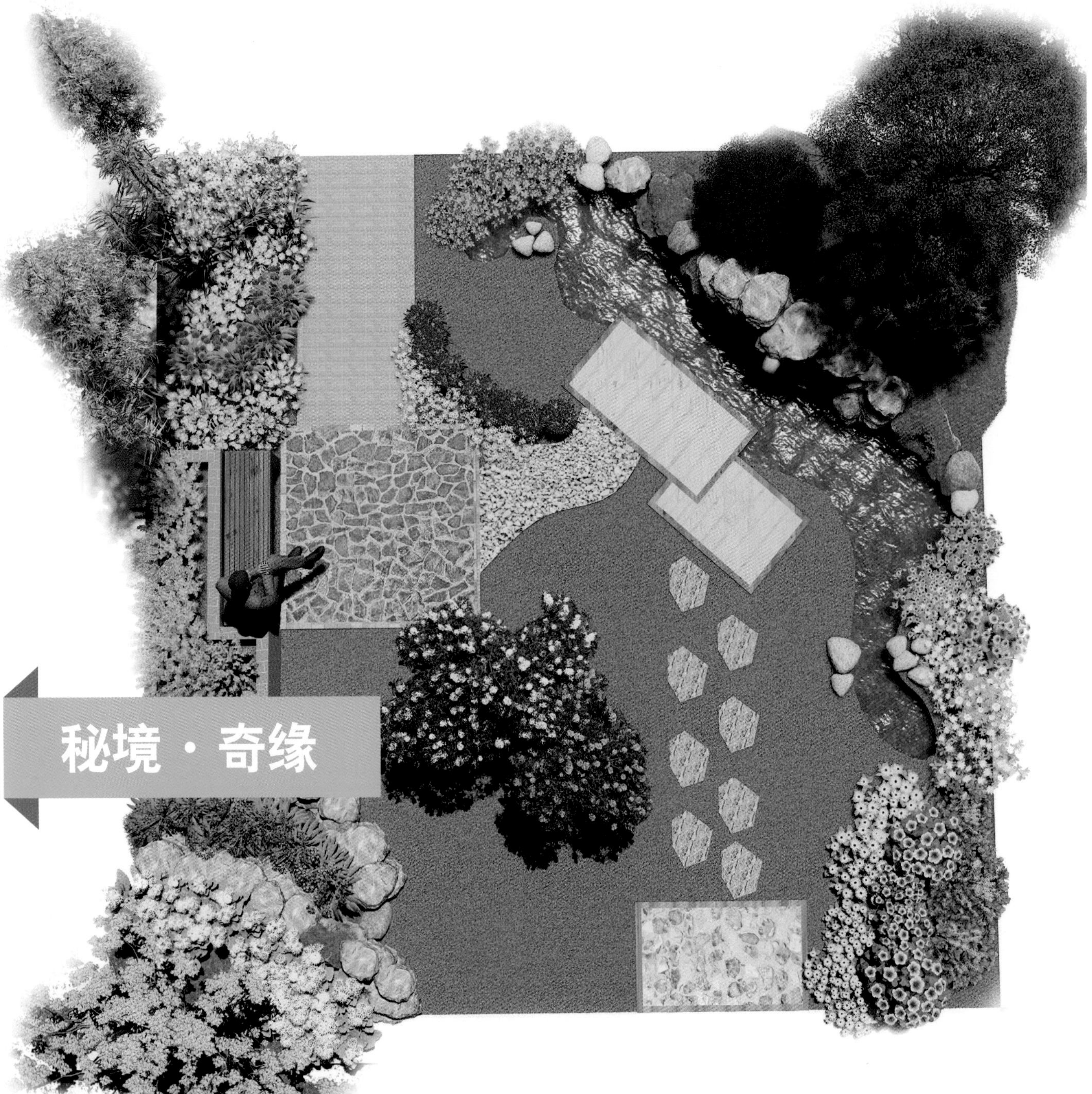

作者介绍
ABOUT THE AUTHORS

李子怡

女，现就读于北京农业职业学院。

那何双

女，现就读于北京农业职业学院园林技术专业。

作品介绍
INTRODUCTION TO WORKS

本设计以“秘”为主题，以蓝紫色为主题基调，配以黄色、白色、粉色在其中点缀，优雅神秘的同时又不失温润和明朗，让人在松弛神经、舒缓心情的同时，感到身心愉悦。本设计中的植物主要由花灌木及蓝紫色花卉构成，用色彩营造出“秘”之感觉。花境用风铃草、花烟草等植物，蓝色、紫色营造出神秘感；花带由鸢尾和绣线菊构成，鸢尾的紫色带给人沉稳的感觉，绣线菊的黄色则平添一丝明朗。桂花、金合女贞、红叶石楠带给人一种活泼美好的感觉；丛生紫薇和八仙花则带给人一种清新温润的感觉。

指导老师 GUIDANCE TEACHER

徐琰

女，硕士，高级实验师，北京农业职业学院教师。近年来多次指导学生参加各级高职院校园林景观设计、施工比赛，并取得好成绩。被评为2019年世界技能大赛园艺项目（成都）国际邀请赛“国手杯”景观设计赛优秀指导教师。

作品点评 COMMENTS ON WORKS

《秘境·奇缘》以蓝紫色为基调，突出神秘色彩。山石与花境、花池的半围合形式，再次与“秘”相契合。花境用蓝紫色风铃草、花烟草，营造优雅的神秘感；花带鸢尾给人以沉稳的印象，绣线菊则平添一丝明朗。置身其中，神秘奇特，心旷神怡。

沁芳园

作者介绍
ABOUT THE AUTHORS

燕超

男，现就读于北京农业职业学院园林技术专业。

李欣宇

男，现就读于北京农业职业学院园林技术专业。

作品介绍
INTRODUCTION TO WORKS

《沁芳园》通过现代自由风格营造自然淳朴之趣，主要通过视觉和嗅觉体验，呈现一个温馨的具有疗愈功能的花园庭院。在景观元素上，通过入口和主路铺装、观赏平台、曲池、微地形及连接休息区和出口的汀步设计布局，构建“起承开合”的景观序列；在植物选择上体现适地适树的原则，成都市花木芙蓉及白玉兰和四季栀子等乡土植物的应用，既满足生态要求又融入了城市情感；在植物配置上，四季景观、多彩花境、芳香氛围的营造，赏心悦目、沁人心脾，使人身心得到舒缓和放松。

指导老师 GUIDANCE TEACHER

陈博

女，北京林业大学园林博士，北京农职院园林专业讲师，主讲“园林工程施工”等课程，专业扎实、经验丰富。设计强调功能优先，从生态和美学的角度关注植物科学配置。曾多次指导学生在职业技能大赛中取得优良成绩。

作品点评 COMMENTS ON WORKS

景观整体特点明确，细节完善，给人留下了深刻的印象。各景观点环环相扣，张弛有度，自然流畅。细部设计精致宜人，实现开阔和私密的自然过渡。芳香植物的恰当应用很好地点题“沁芳园”，并从实用层面达到初设目的。

秘密花园

作者介绍
ABOUT THE AUTHORS

屈克红

男，现就职于单山市尚境园林景观有限公司，任主创设计师。

孙路路

男，毕业于黄山学院。

作品介绍
INTRODUCTION TO WORKS

“秘密花园”取自美国作家弗朗西斯·霍奇森·伯内特创作的儿童文学作品。本方案通过材质和铺装形式的变化，迎合人们的心理需求，使游线更加具有趣味性。另外，本方案通过景墙和植物进行围合，营造一个相对私密的休憩空间，以实现人与自然更好的交流。花境的植物搭配变化多样，旨在营造不同季节的群体美和自然美。花园中的水景观是花园的“心脏”，也是滋养我们成长的源泉。

指导老师 GUIDANCE TEACHER

马涛

男，1985年生，回族，安徽亳州人。黄山学院园林教研室主任，硕士，讲师。第45届世界技能大赛中国技术指导专家，黄山市尚境园林景观有限公司设计总监。

作品点评 COMMENTS ON WORKS

本方案以“秘密花园”作为作品名称，旨在展现私密、宁静、浪漫的庭园风格特点。方案利用景墙、绿篱分割、围合空间，采用曲折迂回的交通组织手法和层层递进、不断下沉的空间处理手法，结合花坛、花境、花篱和花墙等花卉元素的使用，最终营造了一处曲径通幽的私密花园，在咫尺场地之上烘托了几许神秘色彩。

丘比特的密恋

作者介绍 ABOUT THE AUTHORS

杨康慧

女，毕业于安徽城市管理职业学院风景园林设计专业。

岳伏森

男，毕业于安徽城市管理职业学院风景园林设计专业。

作品介绍 INTRODUCTION TO WORKS

方案以爱神丘比特的武器金弓和箭组成地块的线条形状，由“一箭穿心”演变而来，穿起两心相印，给人一种甜蜜爱恋的感觉。场地设有心动景墙、波光水池、起伏座凳、跨越桥、亲水平台，在满足所需的休憩场地的同时，处处体现爱恋中那些微妙而甜蜜的感觉。在种植方面选择红枫、女贞等乔木；鸭舌黄杨与木芙蓉等灌木，而木芙蓉作为成都市市花，展现成都独特的美；搭配地被花卉三色堇、月见草、矮牵牛与鸢尾，疏密适宜错落有致，形成自然风光。景观小品与绿植的搭配共同打造出属于我们的秘密花园。

指导老师 GUIDANCE TEACHER

陈艾洁

女，1981年出生，副教授，硕士研究生，园林工程师，市政工程二级建造师，现任安徽城市管理职业学院风景园林教研室主任，长期从事园林设计、景观工程及植物应用的研究，自2006年以来一直从事园林专业教学和科研工作。在三类学术期刊发表论文多篇，撰写专著一部。指导学生参加全国职业院校技能大赛获三等奖，指导学生参加省级职业院校技能大赛获一、二、三等奖等多项奖项，主持省级教科研项目多项。

作品点评 COMMENTS ON WORKS

本设计的两位设计者本身就是一对情侣，他们将这份校园中美好的情感化为设计源泉，在作品中进行了展现。设计中的场地以爱心为基本形状，划分出了广场、水体和草地，道路以箭的形状为母本，并用汀步加以细节化，结合周围的植物形成了一个充满浪漫主义色彩的小场景。作品整体喻意着丘比特之箭射中了心脏，生动而有趣。

作品介绍
INTRODUCTION TO WORKS

庭院长宽七米，融山水木石。桥寓龙，河寓凤，众兽之君，百鸟之王，寓龙凤呈祥；树木繁茂，寓祖国昌盛。山峦起伏，韵律有宜，山谷叠叠，溪水泠泠。本作品以古典山水却又不拘泥于古典中式的手法，达到自然、野趣、大方的效果，软硬相融合，相辅相成且独立成景。整个庭院具有休闲、娱乐、观赏的功能。院中以本土植物为主，加以灌木草本，高低错落，色彩丰富，凸显层次。以“接近自然，回归自然”为法则，贯穿于整个作品中。只有在有限的生活空间中利用自然、美化自然，寻求人与建筑、山水、植物之间的和谐相处，才能使环境有融于自然之感，达到人与自然的和谐。

作者介绍
ABOUT THE AUTHORS

朱长春

男，就职于春天花乐园投资公司，任园林景观设计师一职。

作品点评 COMMENTS ON WORKS

设计寓意美好，构图简洁自然，整体设计偏向休闲娱乐功能，具有较好的可实施性。

色彩秘密

作者介绍 ABOUT THE AUTHORS

帅畅

女，毕业于四川大学园林设计专业。

姚岚

女，硕士研究生，毕业于中南林业科技大学，研究方向为植物造景。

作品介绍 INTRODUCTION TO WORKS

我国色盲基因携带者的比率为8.98%，他们在工作和生活中会遇到诸多阻碍和困难。在此次的设计中，我们希望对这类人群体现一种人文关怀，打造一个在他们的色觉世界里美丽的花园。我们选取色盲占比最高的红绿色盲作为设计对象，在花园营造中，通过对材料质感的梳理和色彩的搭配营造出红绿色盲和正常人都感受到丰富度的空间。巧妙借助一些隔断元素、水景、植物色彩搭配等，对空间进行分隔，体现虚实对比，打造一个几近对称的空间。考虑到本次的场地特色，通过对材料、形式等的整合，营造一个在不同视点有不同视觉体验又和谐统一的空间。

指导老师 GUIDANCE TEACHER

朱俊安

男，四川音乐学院成都美术学院环境艺术设计艺术学硕士；元有（成都）景观设计公司合伙人，方案创意110工作室主任。在公司任职期间，主持参与了多个市政规划景观项目的方案创作。代表项目有成都市郫都区沱江河（三期）滨水绿道景观规划设计、云南市委党校改建景观规划设计、成都市新都区蜀龙大道城市公园一体化景观设计、峨眉山红珠山国际旅游度假区规划设计等。

作品点评 COMMENTS ON WORKS

方案立意新颖，体现了人文关怀。从服务人群的特殊性出发，旨在关爱有色盲症的特殊人群，希望通过植物色彩搭配与营造让他们也能感受到丰富多彩的花园。在空间布局上，对于景观元素的体现丰富，布局合理；将景观水景、碎石道路与景观种植池等景观元素通过同心圆的平面构成有机地融入整个场地中，形成一个丰富有趣的庭院空间。在植物种植上，方案呼应关爱色盲症特殊人群的立意，通过中心轴对称的方式，结合帷幔的视线遮挡，使花园在主视角上形成两个镜像统一的空间。右侧空间按照正常色感人群的色彩偏好进行植物种植，左侧的植物考虑色盲症人群的敏感色彩进行色彩搭配，使此类特殊人群也能看到花园的美丽。

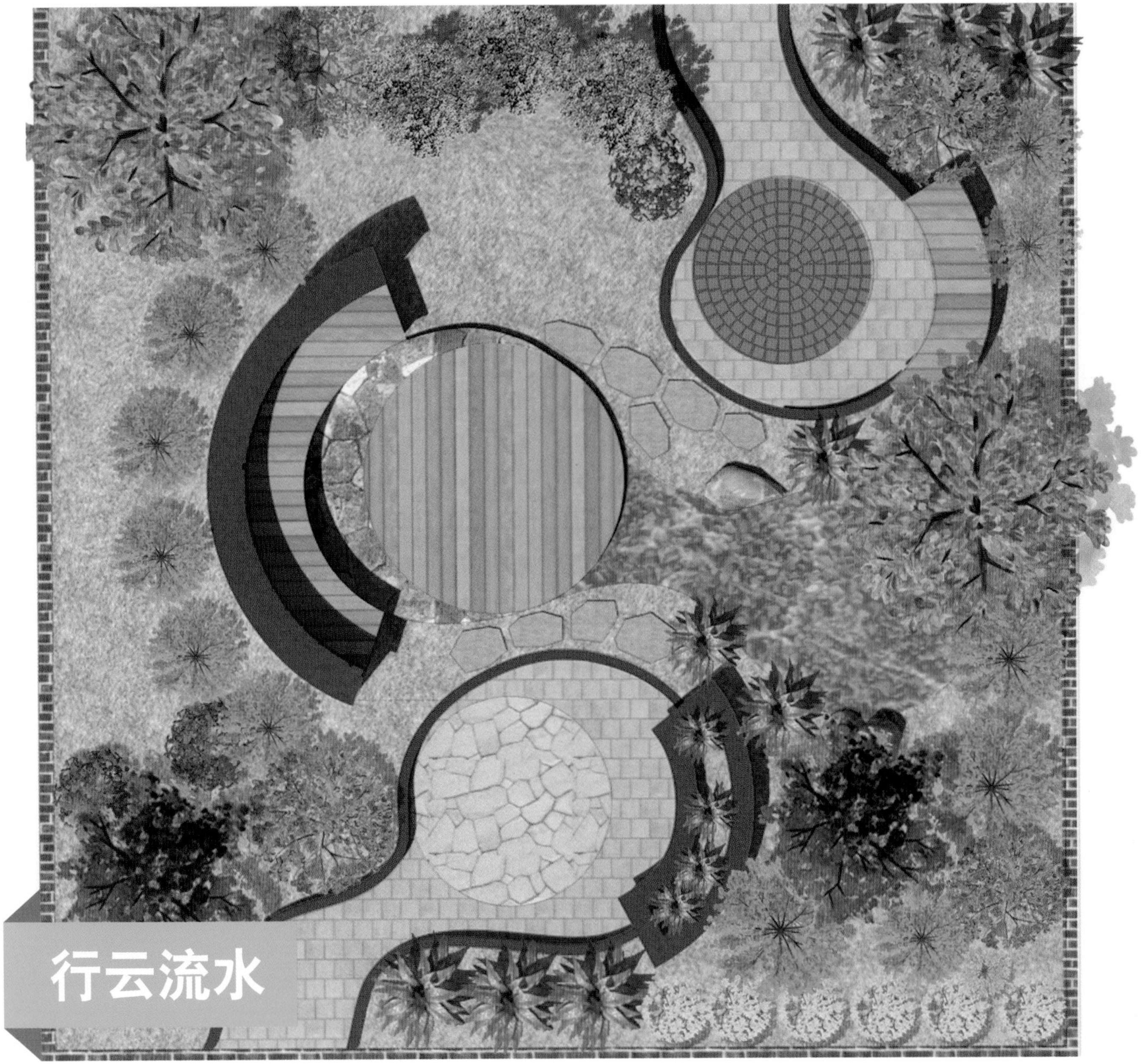

行云流水

作品介绍
INTRODUCTION TO WORKS

“行云流水”取自于宋代大文豪苏轼的词句“作文如行云流水，初无定质，但常行于所当行，止于所不可不止。”本方案希望通过山水园林营造出文人笔下的明快流畅之感。设计中以三个圆形为基本设计元素，曲线贯通作为骨架，道路自由顺畅，置身其中，优美景致尽收眼底。空间中设有两个出入口，弧形景墙座凳组合式景观小品成为整个空间的视觉中心，搭配月牙形碎石铺装和圆形的观景平台，让一方水景更加灵动活泛起来。铺装以碎石、料石、青砖等为主，配以红砂岩高低错落的起伏收边，更显空间自由之感。植物配置丰富，采用了乔灌草组团式搭配原则。空间整体自由简洁，行走于其中如同漫步于山水画之间，着实让人心旷神怡。

作者介绍
ABOUT THE AUTHORS

单诗琪

女，毕业于南京铁道职业技术学院环境艺术设计专业。现就职于南京中艺建筑设计股份有限公司。

刘渭枚

女，毕业于南京铁道职业技术学院环境艺术设计专业。

指导老师 GUIDANCE TEACHER

刘春燕

女，南京铁道职业技术学院环境艺术设计专业教师，主要研究方向为园林景观设计、景观施工图绘制等。2018年和2019年指导学生获得江苏省高职院校园林景观设计与施工项目一等奖并获得优秀指导教师称号。

作品点评 COMMENTS ON WORKS

方案线条流动飘逸，衔接流畅，五大模块齐全，施工比较有难度，能很好地考核高技能人才的施工水平。效果图透视角度不好，表现不清晰，各部分弧度衔接细节处理稍显粗糙，还可以做得更好。

春晓

作者介绍 ABOUT THE AUTHORS

薛亚婷

女，就读于甘肃林业职业技术学院园林技术专业。

杨燕燕

女，就读于甘肃林业职业技术学院园林技术专业。

指导老师 GUIDANCE TEACHER

姜亚薇

女，2013年毕业于北京林业大学，现任职于甘肃林业职业技术学院，主要从事园林施工图设计、园林AutoCAD辅助设计、园林建筑结构与构造等课程的教学工作。2018年被评为第45届世界技能大赛甘肃选拔赛园艺赛项优秀指导教师。

焦琛婷

女，就职于甘肃林业职业技术学院园林工程二级学院，讲师。主持和参与科研课题7项，参与建成省级精品在线开放课一门，曾先后获得学院优秀教师、优秀党员称号。

作品介绍 INTRODUCTION TO WORKS

本作品名为“春晓”。设计区域十分规整，满园的植物丰富多样，增加了景观的灵活度，无论从哪个方位来看都能令人获得愉悦的立体视觉效果。本案在景观设计中采用混合式造景手法，各处造型看似简单但又韵味十足，同时以“春晓”为名， 寓意深长。设计采用以人为本的设计原则，又采用混合式造景手法，植物选择丰富多样，做到了四季有景，给人一种流连忘返的感觉。

作品点评 COMMENTS ON WORKS

设计立意新颖，景观布局合理，植物搭配丰富多彩。构景要素具体、全面，既力求整体统一、突出主题、情景交融，表现其共性，又突出其特色，得其所宜，尤其是将现代和传统文化、新材料与旧工艺相融合，展现其独特韵味，可实施性强。

东都悦来

作者介绍 ABOUT THE AUTHORS

曹雪莉

女，安徽宿州人，毕业于马鞍山师范高等专科学校环境艺术设计专业。

周家威

男，安徽亳州人，毕业于马鞍山师范高等专科学校环境艺术设计专业。

作品介绍 INTRODUCTION TO WORKS

作品主题是“秘の花境，ME的花园”，在设计时结合四川当地一些景观特色，及边走边赏边构思的方法来呈现当地的独特风光。设计中考虑到人是景观的使用者，应坚持人居环境的舒适性原则，做好总体布局，在有限的空间创造出符合居民需求的环境，为居民提供可居、可憩又易于沟通的秘密花园。设计中主要采用植物造景，配以高大的乔木和水池，充分利用植物的多样性，达到一年常绿、四季有花的效果，同时注重所有植物材料季节和花期的变化，创造出令人心旷神怡的环境。

指导老师 GUIDANCE TEACHER

周佳

男，任教于马鞍山师范高等专科学校，负责艺术设计系环境艺术设计教研室的教学工作。同时负责多项重大工程的设计和施工管理（如马鞍山慈湖公安消防队主楼、副楼；马鞍山海外海联排别墅等）。

作品点评 COMMENTS ON WORKS

方案表现选用了以小见大的下沉式庭院，有层次，钢琴键般的铺装有韵律感。但效果图的蓝天草原背景过大，喧宾夺主，让人忽视了景观的整体效果，在效果图表现时尤其要注意这个问题。

蘅芜苑

作品介绍 INTRODUCTION TO WORKS

纵观古今中外的庭院环境设计，“接近自然，回归自然”作为设计法则，贯穿于整个设计与建造中。只有在有限的生活空间利用自然、师法自然，寻求人与建筑小品、山水、植物之间的和谐共处，才能使环境有融于自然之感，达到人与自然的和谐。“蘅芜苑”借《红楼梦》中宝钗居所之名，水融于景，景汇入水，在小景中做出水的动态来，让整个场景更有灵动性。绿植和铺地的大面积利用让景更具有活性，好似景随人动。静下心来，置于此景中，忘却所有，恒无怨，历经山河，人间值得。

作者介绍 ABOUT THE AUTHORS

姚杰民

男，就读于安徽马鞍山师范高等专科学校。曾获安徽省职业技能大赛园林景观项目设计及施工比赛三等奖，并获2018年世界技能大赛园艺项目（昌邑）国际邀请赛“国手杯”景观设计赛入围奖。现就职于铜陵国家农业科技园区。

皮子豪

男，就读于安徽马鞍山师范高等专科学校。曾获安徽省职业技能大赛园林景观项目设计及施工比赛三等奖，并获2018年世界技能大赛园艺项目（昌邑）国际邀请赛“国手杯”景观设计赛入围奖。

指导老师 GUIDANCE TEACHER

轩德军

男，中共党员，现任马鞍山师范高等专科学校艺术设计系环艺教研室主任，本科毕业于安徽建筑大学环境艺术设计专业，研究生毕业于南京师范大学环境艺术设计专业。马鞍山美术家协会会员，中国设计师协会会员，马鞍山设计艺术家协会会员，中国室内设计师，景观设计师。曾在公司担任过设计总监、首席设计师、设计顾问，个人作品及指导学生多次参赛并获奖，发表教科研学术论文十余篇，个人主持参与发明外观及实用新型专利十余项。

谢静

女，研究生学历，讲师。2006至今就职于马鞍山师范高等专科学校艺术设计系。中国设计师协会理事，中国室内设计师，景观设计师。从事环艺设计方面的研究，主要教授“景观设计”“室内设计初步”等相关课程。个人作品及指导学生多次参赛，获得国家、省级各类竞赛奖项，发表教科研学术论文十余篇，个人主持发明外观及实用新型专利八项。

作品点评 COMMENTS ON WORKS

亲水性与木平台和水景动向空间的衔接非常好，但水的形态和平台尺度比有些失调。

作者介绍
ABOUT THE AUTHORS

张艺尧

女，杨凌职业技术学院专职教师。曾参与2018年全国职业院校技能大赛园林设计与施工赛项，被评为优秀指导教师。

刘雨

女，景观设计师。

交错空间

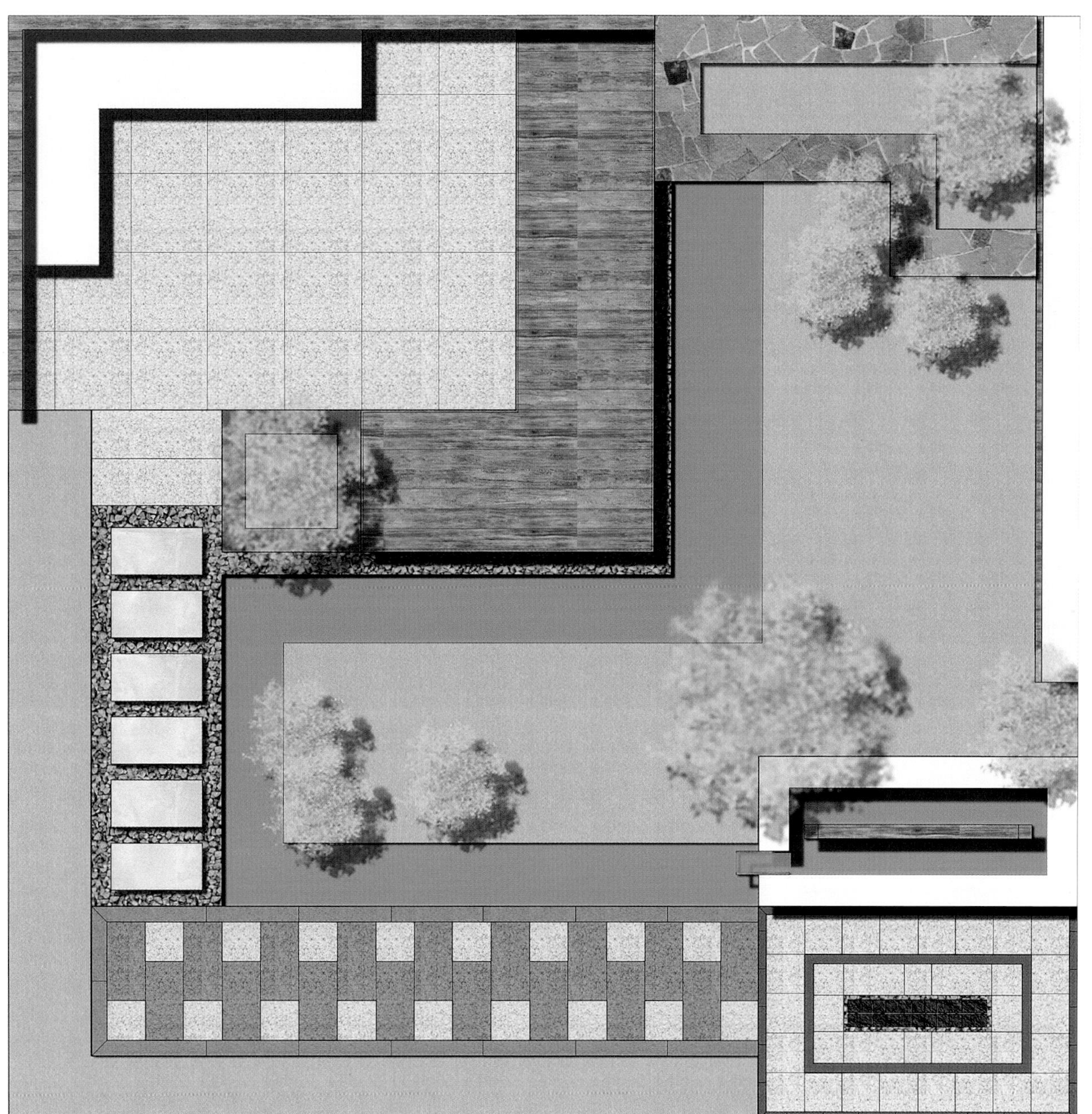

作品介绍
INTRODUCTION TO WORKS

“交错空间”生态庭院景观设计理念源于对“丝绸之路”文化的提炼、杂糅、重组。在七尺见方的小庭院内以直线穿插，交错划分功能空间，体现出现代文明与“丝绸之路”文化在时空上的交错，也展现出开放、包容、大气的“丝绸之路”精神。在直线营造的开敞庭院中，运用中国古典园林中框景、隔景、对景等造园手法，营造私密空间，在满足庭院功能性的同时提升了空间的趣味性，展现出中式园林风格。园内空间动静结合、开合有度。草坪为底，入口设计水幕障景，分隔空间，产生联想，诱人进入园中。园内一角用木格栅围合空间，下置座椅，形成私密休息区。对面设计流线造型景墙，景墙前是开敞绿地。伴随从入口水幕流下的溪流，贯穿园内，体现长路漫漫、时空穿梭，寓意“丝绸之路”文化源远流长。

作品点评 COMMENTS ON WORKS

整体符合比赛的要求，设计的尺度、比例关系、硬质关系及植物之间的处理都很好，角落处可增加一个中乔。

兰舍·初心

作品介绍 INTRODUCTION TO WORKS

楼兰古城位于新疆巴音郭楞蒙古族自治州若羌县北境，楼兰古国属西域三十六国中的强国，处于西域的枢纽，在“古丝绸之路”上占有极为重要的地位。楼兰古城是劳动人民一砖一瓦建成的，正如此方案所示，铺砖、景墙、水景都是以砖石堆积而成的，以铺装及景墙的形式体现古楼兰建筑之美，象征着古代劳动人民的艰辛和“古丝绸之路”的曲折与蜿蜒。然而，这么美丽的古城却无声地消失在荒漠中，很是让人惋惜与不舍，进而体现出主题中的“兰舍”（难舍），方案中的叠水也体现了对出水的留恋和不舍，更象征着“兰舍”。由于先祖的奉献成就了现在强大的中国，更让我们铭记:不忘初心，方得始终。

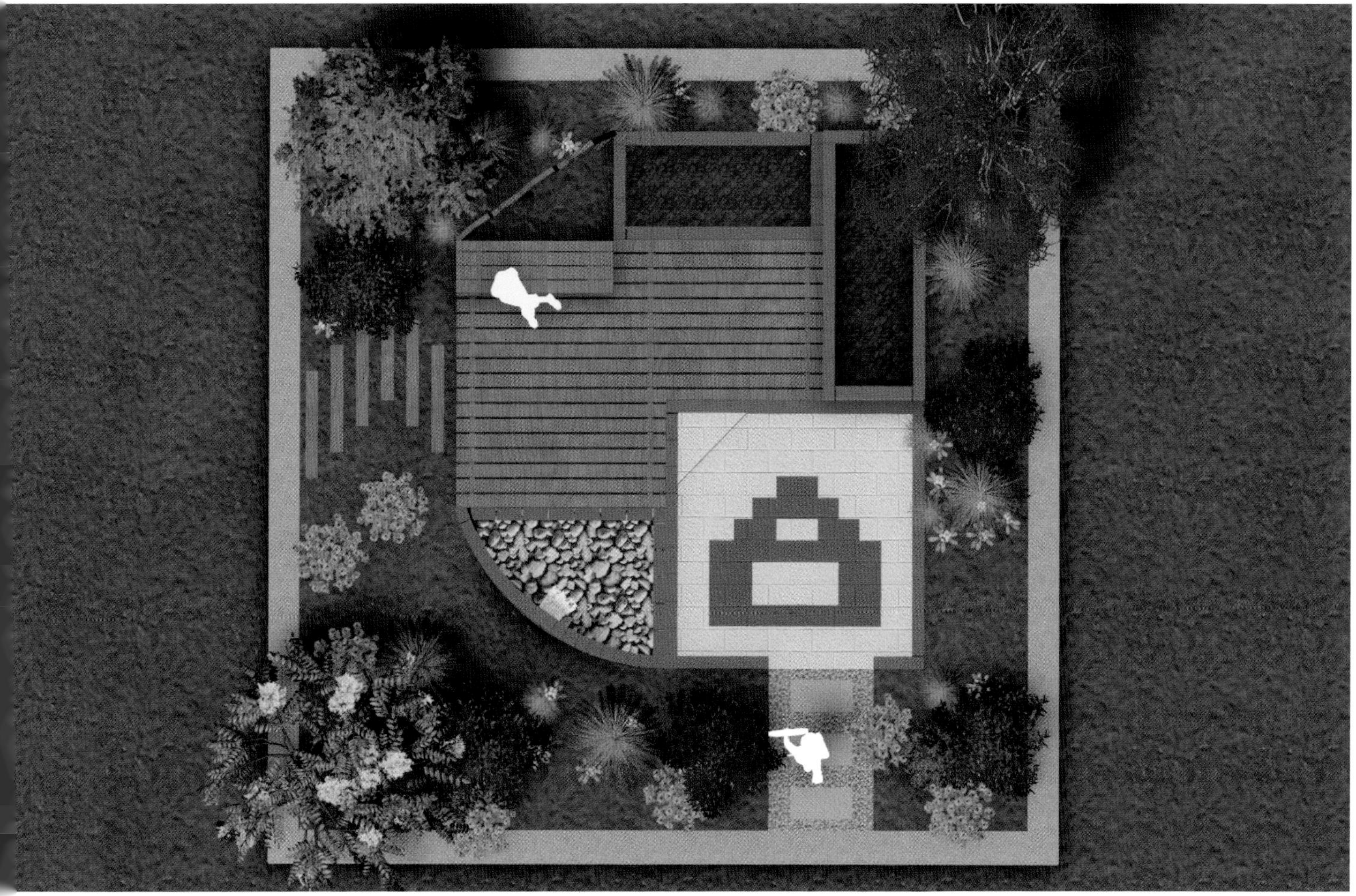

作者介绍 ABOUT THE AUTHORS

岳伏森

男，毕业于安徽城市管理职业学院风景园林设计专业。

指导老师 GUIDANCE TEACHER

刘妍

女，1988年10月出生，安徽省淮南市人，硕士研究生，现为安徽城市管理职业学院助教，研究方向为园林景观设计。工作期间，指导学生在2016年、2017年的安徽省技能大赛中获得省级二等、三等奖，参加第三届“互联网+”创新创业大赛获省赛金奖亚军，国赛铜奖，同时获得优秀指导教师称号，获校级教学成果一等奖两项。

作品点评 COMMENTS ON WORKS

作品以楼兰古都的西域文化为设计元素，刻画了“一带一路”时代环境下的华夏儿女不忘初心，建设强国的逐梦路。方案布局紧凑，景观小品、座凳、景墙首尾呼应，突出主题，植物配置疏密有致，使花园兼顾了游和赏的功能。

琴系东西

作者介绍
ABOUT THE AUTHORS

乔陈宇

男，毕业于安徽城市管理职业学院园林设计专业。

作品介绍
INTRODUCTION TO WORKS

本次以“钢琴”为原型展开设计，充分调用曲形和矩形元素，黑白的钢琴块铺砖是初学者的尝试，两处景利用曲形水池和矩形的叠水表现了钢琴的演奏过程，高低错落的木质景观构筑物表现了弹奏时的音频率波动。钢琴主题花园中，拥有不变的“景观构筑物中心地”，而大自然亦是钢琴花园的玩家，拥有“流动音符景墙”的魔力。在园路及水池驳岸铺以杜鹃、木芙蓉，与自然式水景和散置石组相映成趣，营造出色彩鲜明、独具时代特征的一方秘境花园。

指导老师 GUIDANCE TEACHER

陈艾洁

女，1981年出生，副教授，硕士研究生，园林工程师，市政工程二级建造师，现任安徽城市管理职业学院风景园林教研室主任。

作品点评 COMMENTS ON WORKS

作品紧扣国手杯“一带一路”的主题，用钢琴（音乐）作为纽带连起了东西方人民的友谊。木质的景桥与小品透着浓浓的东方田园韵味，几何的布局形式和特色景墙又富有西方现代风格，东西方的文化在这一方小小的场地设计中进行了巧妙的融合，也代表了东西方人民的友谊因音乐、园林这些无声的文化而紧密结合，地久天长！

作品介绍
INTRODUCTION TO WORKS

我们所设计的花园景观整体造型方正，五彩的鲜花带围绕着园路绽放开来，彰显祖国“锦绣山河，繁荣富强”的浩然气势。“丝绸之路”上的点点滴滴，需要在这个花香满径的道路上讲述。“一路繁花”代表一路上都是多姿多彩的世界，象征着“丝绸之路”上的每一个地方、每一处文化。红色的枫树和绚丽多姿的鲜花共同展现出园内的热闹景象，在场地中的木平台上可以观赏到整个园子，也希望通过这个平台引进更多的新鲜事物，让更多人认识中国、了解中国。同时，在铺装周围铺设鹅卵石，象征沙海，和水池相呼应，充分体现了“一带一路”的精神面貌，象征参与“丝绸之路”建设的各个国家迎接挑战、和谐发展、繁荣共进的面貌。

一路繁花

作者介绍
ABOUT THE AUTHORS

王运开

男，毕业于南京铁道职业技术学院环境艺术设计学院。

黄佳敏

女，毕业于南京铁道职业技术学院环境艺术设计学院。

指导老师 GUIDANCE TEACHER

刘春燕

女，南京铁道职业技术学院环境艺术设计专业教师，主要研究方向为园林景观设计、景观施工图绘制等。2018年和2019年指导学生获得江苏省高职院校园林景观设计与施工项目一等奖并获得优秀指导教师称号。

作品点评 COMMENTS ON WORKS

硬质景观比较丰富，石材使用类型丰富，铺装表现丰富。但图纸透视角度不好，显得有些乱。植物关系不错但不够饱和，比例协调性也有问题。

丝路新语

作品介绍 INTRODUCTION TO WORKS

本设计方案以带有指示性的青石园路串联三个不同氛围的空间，给游园者带来不同的感官体验与互动，“积淀”“连接”“传承”，一步步酝酿着情绪，共同探寻传承400年的昌邑柳绸文化。入口到数字甬路是第一空间，数字符号讲述柳绸发展的关键节点，展示积淀深厚的历史文脉。景观小品至原石景墙是第二空间，抽象的景观小品连接起人的回忆，唤醒人们对柳绸工艺的记忆。水池及观景平台是第三空间，水喻海洋，寓意昌邑柳绸“海上丝绸之路”传承百余年的文化源远流长。

指导老师 GUIDANCE TEACHER

肇丹丹

女，讲师，硕士研究生，就职于唐山职业技术学院，2019年指导学生获全国职业技能大赛园林景观设计与施工比赛团体三等奖、河北省园林景观设计与施工比赛团体一等奖。

作者介绍 ABOUT THE AUTHORS

孙雪冰

女，就读于唐山职业技术学院。

罗佩峰

女，就读于唐山职业技术学院。

作品点评 COMMENTS ON WORKS

“丝路新语”方案的立意从昌邑柳绸文化背景入手，通过数字甬路、织造小品等景观元素来表述昌邑“柳绸之路”的古今传承。方案布局以路为景、以路串景，利用迂回的青石园路串联“积淀”“连接”“传承”三个景观空间，呼应“丝绸之路”这一主题。软植搭配景石，层次分明，错落有致。

望 · 长安

作品介绍 INTRODUCTION TO WORKS

“边城暮雨雁飞低，芦笋初生渐欲齐。无数铃声遥过碛，应驮白练到安西。”“古丝绸之路”连接了中国与西亚的道路，如今的“丝绸之路”更是促进了沿线数十个国家的商贸交流。正是“丝绸之路”这个纽带连接了我们。用卵石铺成的曲线象征着“丝绸之路”的纽带作用，绵延不绝，连接你我；高大的乔木及些许的花灌木高低错落，配以粉红色的花卉，充满活力，让人眼前一亮；入口处道路两旁采用黄、紫及白色的花卉，配以观叶类植物，给人以安静淡泊之感。

作者介绍 ABOUT THE AUTHORS

李子怡

女，现就读于北京农业职业学院。

那何双

女，现就读于北京农业职业学院。

指导老师 GUIDANCE TEACHER

周道姗

女，北京农业职业学院园艺系园林专业老师，曾带领学生参加过2017—2019年全国职业院校园林景观与施工技能大赛，2018—2019年世界技能大赛园艺项目（昌邑、成都、鲜花港）国际邀请赛，均取得了不错的成绩。

作品点评 COMMENTS ON WORKS

作品名为“望·长安”，景区分为三个部分，入口处用木墙上的“中”字变形标示“丝绸之路”源起中华；木椅边上绵延的木墙和木柱上马头的变形，暗喻“古丝绸之路”的艰难；中心区的景墙和水系代表厚重渊源的历史仍然在源源不断地续写新的篇章。要素中卵石铺成的曲线象征着“丝绸之路”的纽带作用，绵延不绝；高大的乔木及花灌木高低错落，配以各色花卉，营造出生机勃勃的景色。

繁花似锦

作品介绍 INTRODUCTION TO WORKS

本次设计以“一带一路”为主旨，我们设计方案的主题名称为“繁花似锦”，有繁华之意，同时，繁花使园子里充满芳香。在一条线路上设置了几个不同的节点，休憩与观赏相结合，植、灌、草的丰富搭配点缀着各个节点，使其更加美观，采用东南亚地方植物和中国现代化手法相结合，达到相互融洽、共同繁荣，乔、灌、草相结合，具有稳定性和美观性，达到整体节点的赏心悦目。所以，整个园子是一种共同繁荣、相互和谐的设计，做到了“繁花似锦”。

作者介绍 ABOUT THE AUTHORS

张美琪

女，南京铁道职业技术学院环境艺术设计专业学生。

王雪

女，南京铁道职业技术学院环境艺术设计专业学生。

指导老师 GUIDANCE TEACHER

刘春燕

女，南京铁道职业技术学院环境艺术设计专业教师，主要研究方向为园林景观设计、景观施工图绘制等。2018年和2019年指导学生获得江苏省高职院校园林景观设计与施工项目一等奖，并获得优秀指导教师称号。

作品点评 COMMENTS ON WORKS

整体大关系布局不错，但硬质的铺装有些复杂花哨，植物森冠线可以提升一下，地形线绘制也有待优化。

和满园

作者介绍
ABOUT THE AUTHORS

张强

男，就读于莱芜职业技术学院2017级高职园林工程技术班。

于景帅

男，就读于莱芜职业技术学院2017级高职园林工程技术班。

作品介绍
INTRODUCTION TO WORKS

该方案采用规则式布局，通过各种景观元素的组合，营造出不同的需求空间。场地入口沿木质台阶步入平台，由此可观全园。园路选用正方形石材和黄木纹片岩的铺装组合，既增添园路意趣，又体现出不同的地域转换。花境围绕的园路，犹如锦绣“丝绸之路”。场地核心区的水景方圆结合，方形场地套嵌圆形水池，“方”与“圆”的交融展现出“天圆地方，天人合一”的和谐。涌泉自水池中心汩汩流出，寓意友谊细水长流。流水、藤阴、长凳、花香，满园春色吉祥伴，和满中华“和满园”。

指导老师 GUIDANCE TEACHER

张娟

女，1982年5月出生，园林专业硕士研究生。莱芜职业技术学院副教授，园林工程技术专业带头人。主要教授“园林规划设计”“园林计算机辅助设计”“园林施工图”等专业核心课程。

作品点评 COMMENTS ON WORKS

该方案立意切合主题，构思新颖。道路清晰流畅，运用地形高差、铺装组合、植物变化、水体和景观小品的设置等，营造出不同的功能空间。设计形式上采用规则式布局，水景巧妙地结合了方和圆，整体构图统一完整。乔、灌、草搭配合理，层次丰富。

琵琶曲

作者介绍
ABOUT THE AUTHORS

孙颐莹

女，毕业于首钢工学院。

唐雪萌

女，毕业于首钢工学院。

作品介绍
INTRODUCTION TO WORKS

琵琶造型的水池强化了“琵琶”的主题元素。弧形路带为音律，砌体长城做景墙，旁边飞石及特色绿化做环绕纽带，既蕴含中华民族用博大的胸怀融入世界共同发展的中国梦，又体现了“一带一路”开放、包容、共同发展、共享和谐生活的寓意。左边的圆形绿化花饰象征着沿线国家，所有的景观小品都通过琵琶心连心，更加突出了“一带一路”后合作共赢的美好和谐景象。

观花、听水、赏月，身处此景，闭上眼睛都仿佛能听到阵阵优美的琵琶声。真可谓：只愿小景生别趣，琵琶一曲弄多情！

指导老师 GUIDANCE TEACHER

李守清

男，教师，工程硕士，曾获教学效果优秀奖，被评为先进教师。指导大学生创新创业项目，连续两年获三等奖，指导学生参加园林景观设计施工大赛获北京市高职组二等奖、三等奖；发表论文20余篇。

作品点评 COMMENTS ON WORKS

本设计紧扣“琵琶曲”主题，运用庭院景观设计的手法，将中华五千年来的文明古国之元素：琵琶、长城、古丝绸之路融汇一章，映射出大国之神韵，和谐共生之美好乐章。取材合理、虚实隐现、小中见大，构思巧妙。

方寸之间·有“容”乃大

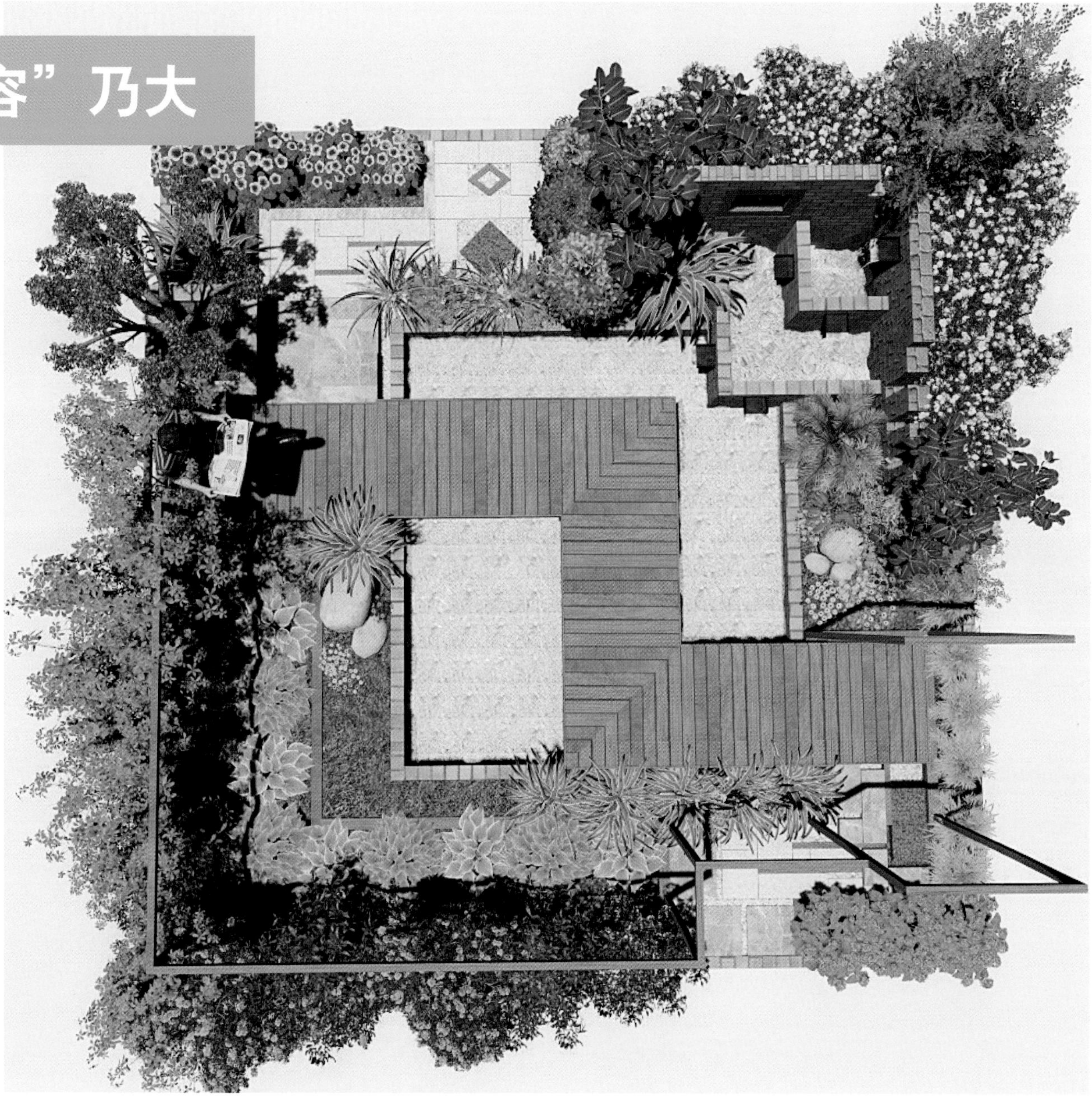

作者介绍 ABOUT THE AUTHORS

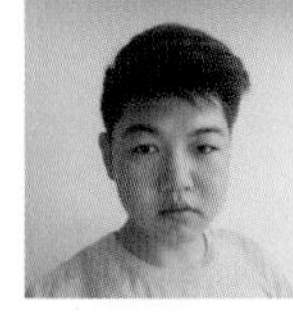

任路路

男，就读于安徽职业技术学院艺术系环境与艺术专业。

杨洪

女，就读于安徽职业技术学院环境艺术设计专业。

作品介绍 INTRODUCTION TO WORKS

本设计方案名为“方寸之间·有容乃大”，意在体现一种包容、融合的精神。本案在空间上采用了半围合的形式，通过一道桥连接三大景观节点，形成本案的主要景观结构和交通流线，象征着在“丝绸之路”沿途融合多个国家，并形成一个整体。道路共有三级高差，沿线种有五彩斑斓的花卉植物。在水景的处理上采用了三级叠水的形式，最终融入水池。整体方案象征着“丝绸之路”并不是一帆风顺的，但是通过中华民族博大的包容之心，最终将形成百花齐放的“花径”。

指导老师 GUIDANCE TEACHER

赵楠

男，1990年3月出生，2018年6月获得安徽大学环境艺术设计专业硕士学位，现任安徽职业技术学院艺术设计学院专业教师。

作品点评 COMMENTS ON WORKS

此案在立意上，希望体现一种包容、融合的精神，与大赛主题“一带一路”的内在精神不谋而合。在空间划分上，采用了“握手式”半围合空间，用Z形木桥相连接，形成景观序列与交通流线。在道路处理上运用了一定的高差，丰富了景观层次。植物搭配及材料运用较为合理，不足之处在于施工量较大。

合和而“生”

作者介绍
ABOUT THE AUTHORS

那何双

女，现就读于北京农业职业学院。

李子怡

女，现就读于北京农业职业学院。

作品介绍 INTRODUCTION TO WORKS

这是一个包容、和谐，以新中式为主导风格的混搭式庭院。以流畅的“丝绸”曲线串联起各部分景观，给人自然和生动感。“丝绸”结尾用地形抬升，坡地上繁花似锦，寓意“丝绸之路”的合作共享取得了丰硕成果。入口处中国结图案的运用以及漏窗的设计，展现了中式风韵。景墙配以月季形成障景，让庭院内的美妙景色逐步显露，实现步移景异。植物以乔、灌和多年生宿根花卉为主，体现可持续的生态理念。春有美丽樱花，夏有靓丽草花，秋有明艳枫树，漫步庭院，像读一首隽永的诗。不同设计风格、不同分布区域的植物有机融合在庭院中，产生独特的和谐美，点明合和而“生”、和而不同的“丝绸之路”精神。

指导老师 GUIDANCE TEACHER

陈博

女，北京林业大学园林植物与观赏园艺专业博士，北京农业职业学院园艺系园林专业讲师，主讲课程“园林植物基础”“园林植物造景技术和园林施工”，专业基础扎实、工作经验丰富。

作品点评 COMMENTS ON WORKS

作品设计构思完整、精准，从流畅的“丝绸”布局，到漏窗、中国结等中国风要素的恰当运用，巧妙点题——包容和谐的丝路精神。园路布置既能满足美学观感，又能很好地发挥功能。植物配置层次分明、三季有景，起到画龙点睛的作用。

繁花·里

作者介绍
ABOUT THE AUTHORS

方紫薇

女，毕业于杭州科技职业技术学院建筑设计专业。

周晓艺

女，毕业于杭州科技职业技术学院建筑设计专业。

作品介绍
INTRODUCTION TO WORKS

设计以“至繁归于至简”为理念，整体采用方形与圆形的结构，构成一种平衡，体现出既开放又包容的和谐空间。视线上形成对角形态，拥有较好的景观视线，跌水部分的出水槽内不断有水涌出，一波波向整个水池散开，象征着“一带一路”的勃勃生机。水池由三个半径相等的圆构成，表达“一带一路”合作惠利、共同发展的美好愿望。内部丰富多彩的繁花含苞怒放、摇曳生姿，展现出“一带一路”的流光溢彩、锦绣繁华。

指导老师 GUIDANCE TEACHER

黄筱珍

女，毕业于同济大学城规专业，硕士；现在杭州科技职业技术学院任教，主教“设计初步”“园林景观设计”等课程。任教期间，指导学生参加高职类毕业设计大赛并多次获奖，指导学生参加浙江省高职高专园林景观设计比赛，获二等奖，指导学生参加国手杯造园设计大赛，有三幅作品入围，获两项金奖。在工作期间，其本人还参与过富阳多个美丽乡村以及旧区改造项目、厂区景观设计以及诸多私家花园设计项目，具有丰富的工程实践经验。

作品点评 COMMENTS ON WORKS

作品灵活应用各景观设计要素，布局合理，结构清晰，流线简洁，空间设计错落有致。通过丰富的植物景观，既表达了古人笔下“丝绸之路”的景观意向，又融入了“一带一路”的新时代内涵。但作品的互动设计仍有可提升的空间。

绿锦语都昌

作者介绍
ABOUT THE AUTHORS

刘成功

男，毕业于江西环境工程职业学院。现就职于浙江大芳亭建设有限公司，任设计师。

作品介绍
INTRODUCTION TO WORKS

“以蚕为墨，画至他乡，行走世界各地；以绿为笔，传播绿色文化，建设美丽中国”。作品旨在展现昌邑的责任与担当，故名“绿锦语都昌”。该设计以丝为路，以湖为海，与昌邑柳绸的“海上丝绸之路”相结合；以花为语，道出都昌的文化；表现绿色文化运用植物，突出花草树木的别样特色，打造出建设美丽中国的概念。

指导老师 GUIDANCE TEACHER

李刚

男，高级工程师，2003年毕业于江西农业大学园林专业，江西环境工程职业学院园林专业教师，风景园林教研室主任，一直从事园林设计和园林专业教学工作。主持江西省园林技术专业省级专业教学资源库的建设，主持建设省级园林设计大师工作室。

作品点评 COMMENTS ON WORKS

在构思立意上，对昌邑的地方文化和特色进行提炼，结合景观布局和构图形式，以丝喻路，贯穿全园，以水为海，以绿为笔，很好地把景观空间和景观元素结合起来，形成了较好的景观效果。在景观结构上，以水景和景墙空间为主体，辅助几个次要的空间，通过园路的串联和植物等元素的有效分隔，使整个景观在空间上井然有序，在结构上稳固合理。在植物配置上，通过多样的植物品种和形式展示昌邑花卉苗木的丰富性，同时通过有效的搭配，形成有跳跃性的观赏效果。

一丝烟雨

作者介绍 ABOUT THE AUTHORS

王欠欠

女，就读于广东科贸职业学院风景园林设计专业。

作品介绍 INTRODUCTION TO WORKS

此庭院是以“一丝烟雨”为主题的现代中式园林。入口平台用草坪分隔，左为“烟”、右为“雨”，“一丝”卵石铺装穿插其间，连接水体和陆地，表达了“一带一路”连接海陆，互惠互通。弯折似丝带的园路如烟雨环绕在庭院中，船舫形的“烟波台”立于其中，高立的花架如家园一般将人庇护。与“烟波台”相对的是两面高低错落的景墙，静立在“听雨台”旁，潺潺泉水从水池流出，经“听雨台”流入“烟雨池”中。三级跌淌的水流与立于两侧的“烟波台”和“听雨台”动静结合、相互衬托。“一带一路”如烟雨一般蔓延，时而无序，却已自成风景。

指导老师 GUIDANCE TEACHER

张惟

女，1983年1月出生，毕业于华南农业大学，获农学硕士学位。讲师，一级花卉园艺师，二级景观设计师。现任广东科贸职业学院园林园艺学院专职教师。

作品点评 COMMENTS ON WORKS

该方案整体性较好，主题突出。从视线与地形设计上看，“一丝烟雨”完美地融合在景观中，巧于组景，具有一定的创新性与时代性。以简练的造型来布置功能空间，注重在细节上的处理，别致的“烟波台”、尺度合理的丝带园路、融合了造景手法的景墙。本次设计的场地布局和空间结构关系诠释了主题突出的现代中式景观风格。

花语·华诞

作者介绍 ABOUT THE AUTHORS

张威

男，就读于重庆工程职业技术学院艺术设计工程学院园林工程技术专业。

朱炬伟

男，就读于重庆工程职业技术学院艺术设计工程学院园林工程技术专业。

指导老师 GUIDANCE TEACHER

罗盛

男，重庆工程职业技术学院艺术设计工程学院园林工程技术专业带头人，2019年全国职业院校技能大赛重庆赛区优秀指导教师，2019年重庆市高职高专传媒艺术联展优秀指导教师，2019年“一带一路”造园技能（昌邑）国际邀请赛优秀指导教师。

作品介绍 INTRODUCTION TO WORKS

本方案把开放共享作为基本理念，曲折的路线代表了中华民族谦逊含蓄的性格。方案将木平台抬升至最高处，使游人获得更大的视野，也扩充了对话交流的空间。将出水口抬升到假山上，再层层汇入水池，为花园提供了视觉和听觉上的动感，象征着源远流长、生生不息。融入富有特色的花墙作为背景，增添花园的趣味。花园里用植物构成主要色彩，运用了大量的花卉和异色植物，花团锦簇，表现着繁荣与生机，状为“70”的花池里有着对祖国深切的祝福和对“一带一路”的美好愿景。

作品点评 COMMENTS ON WORKS

本方案整体构图以直线为主，全景一目了然。恰逢中华人民共和国建国70周年之际，园内花团锦簇，状为“70”，直观地表达出对祖国的深切祝福。园内植物以五角枫、对节白蜡、卫矛球为主，辅以欧石竹、月季等，色彩丰富，主题鲜明。

繁锦苑

作者介绍 ABOUT THE AUTHORS

袁明贵

男，毕业于铜仁职业技术学院园林工程技术专业。

李佳嵩

男，毕业于铜仁职业技术学院园林工程技术专业。

指导老师 GUIDANCE TEACHER

徐小茜

女，讲师，风景园林工程师，铜仁职业技术学院园林工程技术专业教研室主任。2017年以来，多次指导园林景观设计与施工技能大赛项目，荣获省级一等奖、国家级三等奖；参加教学人人达标，荣获院级二等奖，参加教师教学能力比赛，荣获院级二等奖。多次参与扶贫项目，服务乡村振兴，助力美丽乡村建设。

作品介绍 INTRODUCTION TO WORKS

本设计采用了圆作为主体结构，同时结合弧线形景墙，使整个园子协调统一。入口采用了藏景手法，给人欲扬先抑的景观效果，再结合风车、喷泉、流水和丰富植物，动静结合，充分展现了时代的美。道路铺装采用了江步和卵石铺装等，灵活用卵石在草坪中铺出了一条条丝绸，展现了“丝绸之路”和“一带一路”带来的繁荣昌盛。

作品点评 COMMENTS ON WORKS

景观以“圆形”布局，在入口设置障景，跌水喷泉与之相对，给观赏者步移景异的效果。乔灌草结合的植物搭配，层次感较丰富。

逸趣园

作者介绍 ABOUT THE AUTHORS

薛亚婷

女，就读于甘肃林业职业技术学院园林技术专业。

杨燕燕

女，就读于甘肃林业职业技术学院园林技术专业。

作品介绍 INTRODUCTION TO WORKS

小花园设计占地约49米^2，本着“以人为本、生态优先”的原则，构图简洁明快，富有时代气息，营造出一个娴静、安逸、清新、雅趣的休闲娱乐空间。院子周边布置花池、景墙、植物及微地形，为了营造半私密空间，巧妙地在花池边缘设置座椅，并将其设为最佳观赏视点，对景景观—自然式水体结合景墙跌水，动静结合，营造静谧安逸的氛围。园路迂回曲折，小中见大，全园景观要素布置精致美观，开合有致，虚实相生。置身园中，或赏景、或浏览、或阅读、或交流，均别有一番趣味，故名为“逸趣园”。

作品点评 COMMENTS ON WORKS

空间关系合理，简洁明了，特色景墙很有特点，同时也有很大的施工难度。鸟瞰图视点高一点会有更好的表现效果。铺装与木平台的衔接不够流畅，需要考虑行人走路的舒适度。铺装的色差过大，实际做出来效果并不会很好。

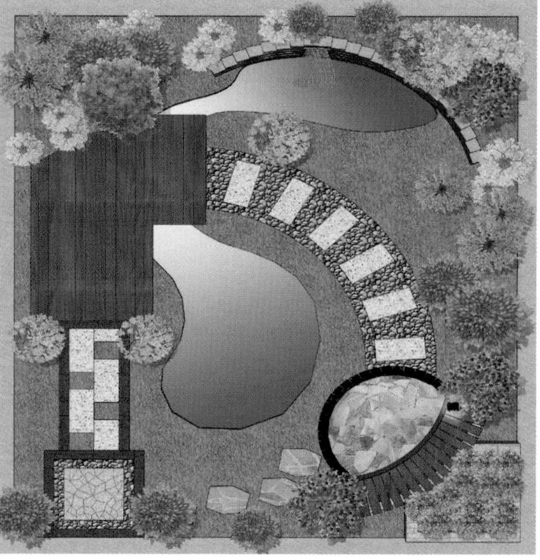

指导老师 GUIDANCE TEACHER

杨美玲

女，临沂科技职业学院园林技术专业教师，硕士研究生学历，中级职称，研究方向为园林规划设计、观赏园艺，毕业于甘肃农业大学森林经理学专业（园林植物与观赏园艺方向）。指导学生参加2019年甘肃省职业院校学生技能大赛园林景观设计与施工赛项，获一等奖，被评为优秀指导教师；指导学生参加2019年全国职业院校学生技能大赛园林景观设计与施工赛项，获三等奖。先后参与完成科研项目“天水彩叶植物资源观赏性综合评价与分析”“天水市行道树资源调查与管理效益成木研究”等。参与社会服务园林绿地规划设计项目十余项。

曦澄园

作者介绍 ABOUT THE AUTHORS

康柔

女，毕业于内蒙古农业大学。现就职于北京景园人园艺技能推广有限公司，任景观设计师。

作品点评 COMMENTS ON WORKS

景观结构、布局合理，土建部分适合比赛，植物边界感比较弱，可以适当强化。

作品介绍 INTRODUCTION TO WORKS

根据组委会给出的主题“丝路花语，锦绣中华”，将本作品起名“曦澄园”，“曦”即早晨的太阳，“澄”指水静而清，寓意着“一带一路”正如早晨的太阳，喷薄而出，活力四射。

整个作品主要采用直线和几何图形作为主要设计风格，简洁大方地绘制出了一方庭院该有的美感，同时注重人们的私密感。作品主要有观赏和休息两处节点，景墙的不同高差代表着各国起点不一、齐头并进、共同成长。水池是规则池子，里面分布着雨花石，随处放置的景石添加了无限的随性之美。休息区面朝景墙，可休息、可观赏，背靠灌木植物配置，呈围合之势，给人以安全感。

渡 · 南珠

作者介绍 ABOUT THE AUTHORS

侯冰

男，就读于南京铁道职业技术学院环境艺术设计专业。

刘金瑞

男，就读于南京铁道职业技术学院环境艺术设计专业。

作品介绍 INTRODUCTION TO WORKS

“渡 • 南珠”寓意着“新海上丝绸之路”南下海口等各个城市岛屿，如同海间珍珠。方案入口处景墙有文化图案装饰，象征着“新海上丝绸之路”的南下路线，方案中央有圆形水池，如同“新海上丝绸之路”上的岛屿。整个方案园路环绕水池而成，分别以花岗岩、木平台等为主，以白色砺石装点来代表海水，行走其间如同漫步在海上，穿梭于岛屿间，更显空间自由之感。景墙下以黄木纹片岩装点，象征路上的山水。空间整体自由简洁，行走于其中如同漫步于山水画之间，坐在木凳上可欣赏这一方天地。

指导老师 GUIDANCE TEACHER

刘春燕

女，南京铁道职业技术学院环境艺术设计专业教师，主要研究方向为园林景观设计、景观施工图绘制等。2018年和2019年指导学生获得江苏省高职院校园林景观设计与施工项目一等奖，并获得优秀指导教师称号。

作品点评 COMMENTS ON WORKS

内容简单干净，创意感不足，但作为比赛图纸还是可以的。硬质整体感比较强，汀步的结构、单块板的大小不实际。植物关系较好，但需要增加中层球。地形、地形线还可以优化。

逸翠云河

作者介绍 ABOUT THE AUTHORS

毛佳威

男，毕业于南京铁道职业技术学院艺术学院环境艺术设计专业。

李雨秋

女，毕业于南京铁道职业技术学院艺术学院环境艺术设计专业。

指导老师 GUIDANCE TEACHER

刘春燕

女，南京铁道职业技术学院环境艺术设计专业教师，主要研究方向为园林景观设计、景观施工图绘制等。2018年和2019年指导学生获得江苏省高职院校园林景观设计与施工项目一等奖，并获得优秀指导教师称号。

作品介绍 INTRODUCTION TO WORKS

庭院入口至庭院末，使用各色各异的植物，分别代表“一带一路”沿途不同国家，突出“一带一路”主题。“逸翠云河”采用“渐变”手法，铺装由整到散、由散到整，围绕水池变换不同。入口植物的转变象征着中国和“一带一路”沿途国家，同时又寓意着中国对“一带一路”的重视。在“逸翠云河”主题中，“逸”代表着各国人民生活稳定安逸，“翠”寓意着各国像植物一样，郁郁葱葱、茂盛如蓬，“云”与“河”有着共同的方向，代表中国与各国有着共同的目标—繁荣昌盛、和平共赢。

作品点评 COMMENTS ON WORKS

右侧小墙窗格不合适，需要优化。硬质在颜色上可以再优化一下，材料种类不宜过多。植物关系较为合理，层次感较强。另外，在图上看不到地形线，应注意增加优化。

花好月圆

作者介绍 ABOUT THE AUTHORS

袁金慧

女，毕业于重庆工程职业技术学院园林工程技术专业。现就职于重庆西庭景观设计公司。

邹世语

女，毕业于重庆工程职业技术学院园林工程技术专业。

作品介绍 INTRODUCTION TO WORKS

方案“花好月圆”是以“一带一路”为创作背景，结合“丝路花语，锦绣中华”而设计的一所中式园林，以“接近自然，回归自然”为设计法则，通过园林景观中独特的设计手法，曲折尽致，步移景异，眼前有景，将美景固定在视线之中，增强层次性，在有限的空间中利用植被美化景观，寻求景观小品、山水、植被间的和谐共处。作品以石为路，路有锦绣映彩霞；以景为引，屏影藏幽人自知；以花为镜，花好月圆；以诗为景，情怀尽显方寸之间。

指导老师 GUIDANCE TEACHER

刘鑫

女，毕业于四川美术学院（06级景观建筑学学士），为重庆大学11级建筑学硕士研究生。经营工作室一间，其项目获得多个行业奖项，具有丰富的企业实战经验，双师型教师，多次组织学生参加、体验实践项目。

作品点评 COMMENTS ON WORKS

借“花好月圆”之意境，打造“一带一路”下的 “丝路花语，锦绣中华”，意在和谐、共融、锦绣、繁荣之圆满。通过中式拙山理水缩影，借环线（圆意）园路明确空间动线，串联松、紧、放三个空间层次。借花香合理搭配地被、灌木、乔木三个空间层次植物，酿境于意，韵情于境。

驼铃梦坡

作者介绍 ABOUT THE AUTHORS

杨康慧

女，毕业于安徽城市管理职业学院风景园林设计专业。

指导老师 GUIDANCE TEACHER

惠惠

女，硕士，毕业于安徽农业大学风景园林专业。现任安徽城市管理职业学院城市建设学院风景园林设计专业教师，讲师。主要从事“园林工程设计”“景观建筑构造与设计”“施工图实景化技法”“景观植物识别”等多门专业课程的讲授。指导学生参加2017年安徽省职业技能大赛（高职组）园林景观设计赛项，获得一等奖，指导学生参加2019年安徽省职业技能大赛（高职组）园林景观设计与施工赛项，获得二等奖。

作品介绍 INTRODUCTION TO WORKS

场地中设置了景墙、溪水、花池、座凳等景观小品，供人休憩的同时又可使其闻花观水，放松身心，于嘈杂的尘世中寻到一角安静之地得以宽慰身心。绵延的沙坡中，存留一条暗溪与沙漠绿洲，给未来一抹希望的生机。驼铃声在无垠的沙漠中回荡，不仅给“丝绸之路”上的沙漠商旅，也给道路上前进的人以指引。人们可以在这个半封闭式的小花园里看看白沙铺地、溪水绿洲，享受静谧的午后时光。

作品点评 COMMENTS ON WORKS

围绕“丝绸之路”的设计主题，以骆驼的颈铃为设计理念，抽象化地运用于方案布局中，植物组团象征沙漠绿洲，白沙木桥好似在“丝绸之路”中行走的商旅，手法新颖，营造出一种沙漠景观。花环式的水景设计较为有趣，铺装和木作需要更加细化处理。

菊院荷风

作者介绍 ABOUT THE AUTHORS

万贻镇

男，就读于重庆财经职业学院建筑设计专业。

张鲜

女，就读于重庆财经职业学院建筑设计专业。

作品介绍 INTRODUCTION TO WORKS

本案设计区域地块十分规整，这首先决定了要以大尺度和大气度的概念来规划设计它。我们在设计中从全方位着眼考虑设计空间与自然空间的融合，不仅仅关注平面的构图及功能分区，还注重全方位的立体层次分布。平面构图线条简洁流畅，从容大度，空间分布错落有致，变化丰富。满园的植物随季节变换，使整个景观设计真正成为一个四维空间作品，无论春夏秋冬、无论平视鸟瞰，都能令人获得愉悦的立体视觉效果。

指导老师 GUIDANCE TEACHER

罗庭

男，就职于重庆财经职业学院，专业领域为人居环境设计，中级工程师。

作品点评 COMMENTS ON WORKS

本设计在总体布局上以水体为中心，环绕布置微地形、亲水平台、廊架、花坛等景观元素，加强了庭院的向心性。廊架与水面对应布置，契合中国古典园林的设计手法，结合“菊院荷风”的设计主题，为庭院增添了几分意境。采用规则的矩形构图，并通过矩形间咬合关系，打破单一方形带来的呆板感，但是在交接位置的细节处理上还不够完善。

境 · 相锦

作品介绍 INTRODUCTION TO WORKS

此设计着重体现“一带一路”融合、包容、共同发展的思想理念，结合“一带一路”的多节点、多脉络形成连接。以中国传统哲学思想中的“天圆地方”为脉络，以亦是中国道家辩证统一的思想精髓的“方圆文化”为寓意的方圆水池为起点，北为方、南为圆，尽在此境中，方多是规矩、框架，是做人之本；圆是圆融、老练，是处世之道。

作者介绍 ABOUT THE AUTHORS

吴杏容

女，毕业于河南城建学院。

王满赛

男，毕业于河南城建学院。

指导老师 GUIDANCE TEACHER

芦瑶

女，现为河南城建学院艺术设计学院环境设计（景观）教研室主任，景观工作室负责人，博士在读，主要研究方向为绿色基础设施（GI）、韧性城市。

作品点评 COMMENTS ON WORKS

景观结构不错，有些小品尺度存在偏小的问题，建议优化。植物需要做大提升，增强整体性。

十方一念

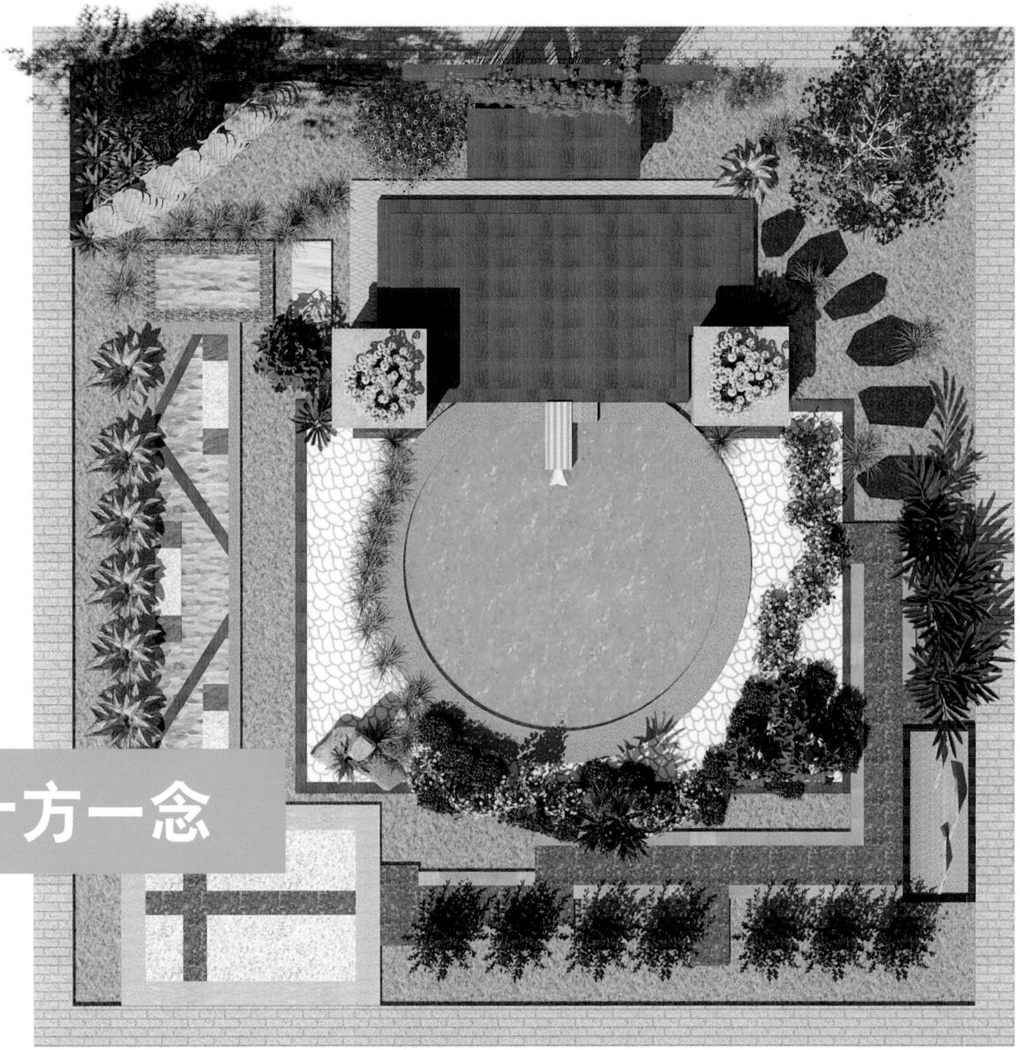

作品介绍
INTRODUCTION TO WORKS

刘凯

男，毕业于重庆三峡职业学院园林技术专业。

李万杰

男，毕业于重庆三峡职业学院园林技术专业。

作者介绍
ABOUT THE AUTHORS

以木平台寓“一带一路”开放的港口，与之相连的出水口便是通往世界的桥梁。防腐木收边中铺满白色砺石，增强景观的围合感与层次关系，也传达着一种包容互通的精神。前景处营造微地形并种植锦色花带，配置地被植物，呼应“丝路花语，锦绣中华”的主题，同时充分考虑游人的视线关系与观赏角度，侧置片岩以缓和高程变化，也使得对景处有景可赏，后置微地形抬高红枫。步移景异，一步一景。

指导老师 GUIDANCE TEACHER

靳素娟

女，重庆三峡职业学院讲师，主讲园林规划设计，带领学生多次获得重庆市景观技能大赛奖项。

作品点评 COMMENTS ON WORKS

整体感觉不错，但小品等内容过于复杂，小景如石块的比例表现有问题。植物需要注意层次。

聚生园

作者介绍 ABOUT THE AUTHORS

程进

男，就读于安徽职业技术学院。

汪亮武

男，就读于安徽职业技术学院。

作品介绍 INTRODUCTION TO WORKS

本设计方案以“园”为主要元素，象征着我们整个地球家园，本案中两个环形水景小品分别代表“乒乓球外交”和“一带一路”伟大构想。由汀步、卵石、木桥组成的路径，象征着和平大道越走越宽。其外形与潍河昌邑段相似——“丝绸花语，锦绣中华”在昌邑。聚生园——开放包容，融合聚生！

指导老师 GUIDANCE TEACHER

陈玮然

女，讲师，武汉理工大学艺术硕士毕业。现为安徽职业技术学院艺术设计学院专业教师，教研室主任。主要教学实践研究方向为室内设计、环境景观设计、展示设计等。获奖情况：指导2018年安徽省职业技能大赛（高职组）园林景观设计与施工赛项，获一等奖；指导2019年安徽省职业技能大赛（高职组）“园林景观设计与施工”赛项，获一等奖；指导第八届全省职业技能大赛暨第46届世界技能大赛，安徽省选拔赛入围等。

作品点评 COMMENTS ON WORKS

作品设计构思清晰，主从分明，各个节点上的布置强调了景观的节奏感。“园”形设计讲究景观的次序和美感；草坪和两个环形水景小品遥相呼应，与设计构思完美契合。由汀步、卵石、木桥组成的路径环绕整个景观，植物配置高低错落，花镜冉冉，草木适宜，随风摇曳。从景观的体验出发，需要营造一些人性尺度的空间，加强景观的亲切性。

君兰 · 谦语和苑

作者介绍
ABOUT THE AUTHORS

方志生

男，安徽职业技术学院艺术系环境与艺术专业在校学生。

张生瑞

女，安徽职业技术学院艺术系环境与艺术专业在校学生。

作品介绍
INTRODUCTION TO WORKS

此次设计由汉字“平”变化而来，配以多彩的花卉植物、高大的乔木和叠水、水池表达了对于“一带一路”上各国团结互助、和平发展的美好祝福。此次设计既注重了整体的规划，又注重局部景观的艺术魅力。

指导老师 GUIDANCE TEACHER

王乌兰

女，安徽职业技术学院环境艺术设计专业带头人，副教授，合肥工业大学硕士研究生毕业；国家教育部艺术设计教指委环境设计分指委委员，安徽省“教坛新秀”、安徽省高级“双师型”教师、国际商业美术设计师环境艺术设计专业A级资质、国家注册高级室内建筑师。

作品点评 COMMENTS ON WORKS

设计主题明确，设计构思完整，空间形式感统一。注重了人在空间中的感受，为人们提供休憩、活动的场所。植物配置体现层次感和季相搭配，具有围合感。效果表现有感染力，合理配置软景硬景，实现了环境与文脉、艺术和现实的融合。

至和园

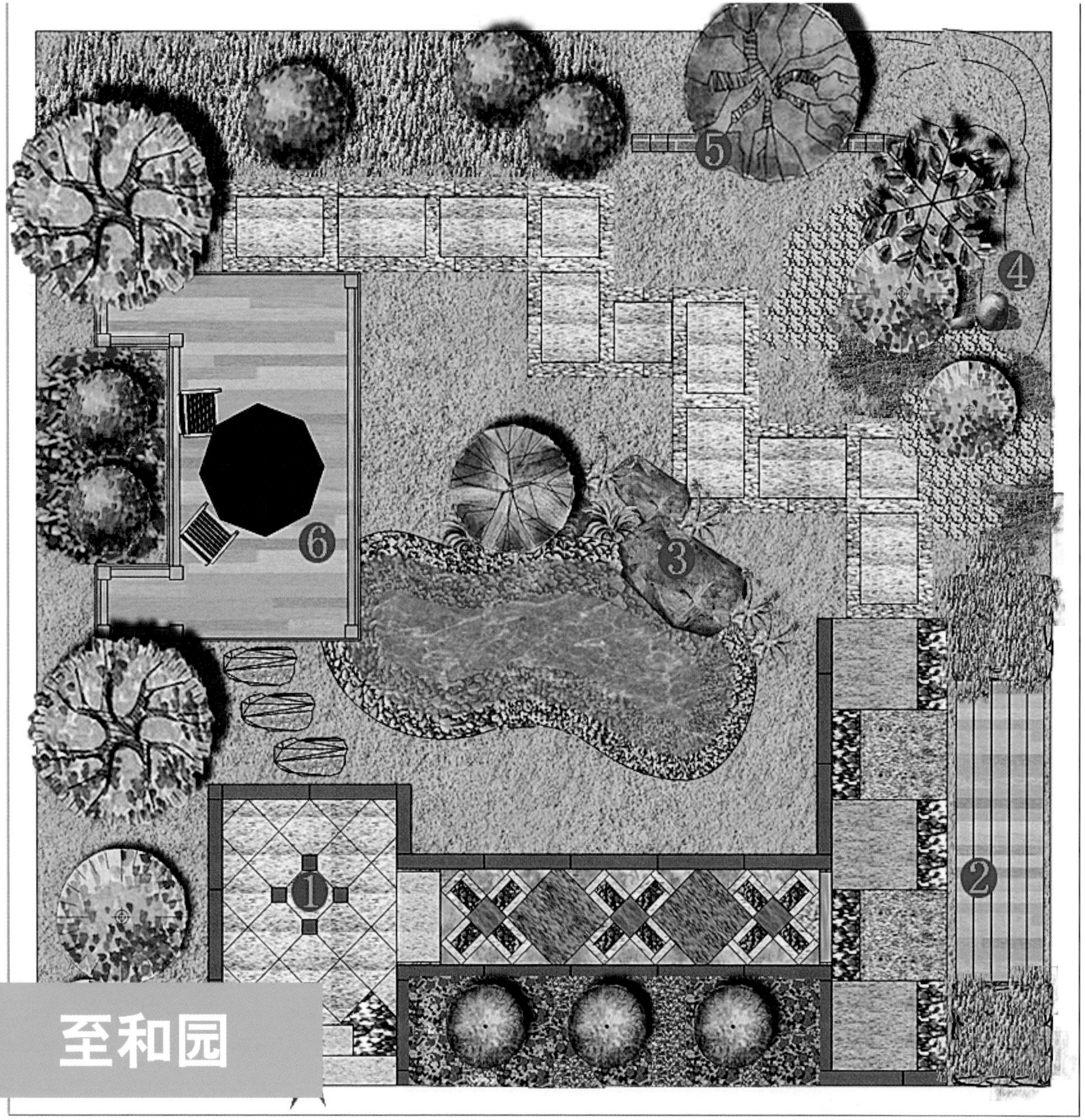

作者介绍 ABOUT THE AUTHORS

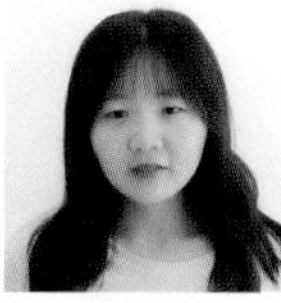

郑金兰

女，毕业于黔南民族职业技术学院园林工程技术专业。

任旭东

男，毕业于黔南民族职业技术学院园林工程技术专业。

作品介绍 INTRODUCTION TO WORKS

取儒家“和文化”中的和而不同、兼容并蓄的文化观，四海为一、天下大同的民族观以及天人合一的绿色发展观的意蕴打造小花园景观。园中的一横一竖、一曲一直，都是设计师的匠心搭配，一花一草、一石一木都是造园者的精致情怀。“园”会千里，花木相引，是“丝绸之路”上的有缘邂逅。清泉石上，台偎池随；山石相依，携手筑梦；苍松越墙，共筑梦想，实现“丝绸之路”之共商共建共赢。

指导老师 GUIDANCE TEACHER

谢伟

女，汉族，1991年3月生，硕士研究生，讲师，黔南民族职业技术学院风景园林专业中级工程师，二级建造师。研究方向为园林景观设计及园林植物栽培与应用。2017—2019年曾指导学生参加贵州省职业院校技能大赛建筑CAD赛项与园林景观设计与施工赛项，荣获省级二等奖；指导学生参加全国职业院校技能大赛园林景观设计与施工赛项，获国家级三等奖；指导学生参加2019国手杯景观设计大赛，荣获优秀奖；参加贵州省信息化教学设计大赛，获省级二等奖。

作品点评 COMMENTS ON WORKS

景观结构大方向上，较为合理，可实现性也比较高，水系形体需要进一步优化。硬质铺装较为细心。植物点上的关系合理，但右上角中乔需要加强。

比邻苑

作者介绍
ABOUT THE AUTHORS

黄潜

男，安徽省淮南市寿县人，现就读于池州市池州职业技术学院园林系园林工程专业。

作品介绍
INTRODUCTION TO WORKS

本作品名为“比邻苑”，取“五湖四海皆兄弟，千家万户若比邻”之意，隐喻“丝绸之路”上的各国共建“一带一路”，彰显人类社会的共同理想和美好追求。园内规则式的水池与中式园桥相互结合，体现“丝绸之路”上文化的交流与发展。曲折的园路以步移景异的手法体现“丝绸之路”上的不同风光。双层木平台给游人提供休憩场所。园桥采用武义廊桥的原理，坚固稳定。水池源头采用叠水方式，意喻山高水长，水池的尽头隐藏在木平台下，采用虚实结合的方法，给人无限的想象空间。景墙为镂空景墙，运用框镜、漏景的表现手法。

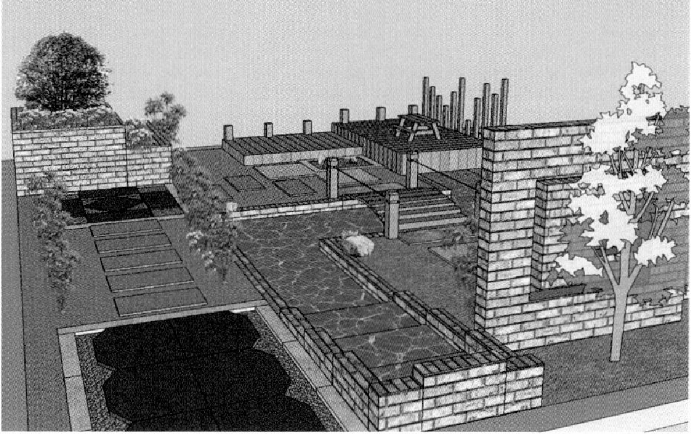

指导老师 GUIDANCE TEACHER

刘玮芳

女，池州职业技术学院建筑与园林系专业教师，风景园林专业硕士，指导学生参加园林景观设计与施工省级职业技能大赛，获一等奖2项，指导学生参加全国职业技能大赛，获二等奖1项；获安徽省教学成果奖二等奖1项，参与主持省级教科研课题多项。

作品点评 COMMENTS ON WORKS

作品取“五湖四海皆兄弟，千家万户若比邻”之意，命名为“比邻苑”，以苑内之路隐喻“一带一路”的建设之路，紧扣庭院主题“丝路花语，锦绣中华”。整体布局以规则式为主，用园林各要素体现“丝绸之路”上的各色风光，植物搭配注重四季皆有景可观。

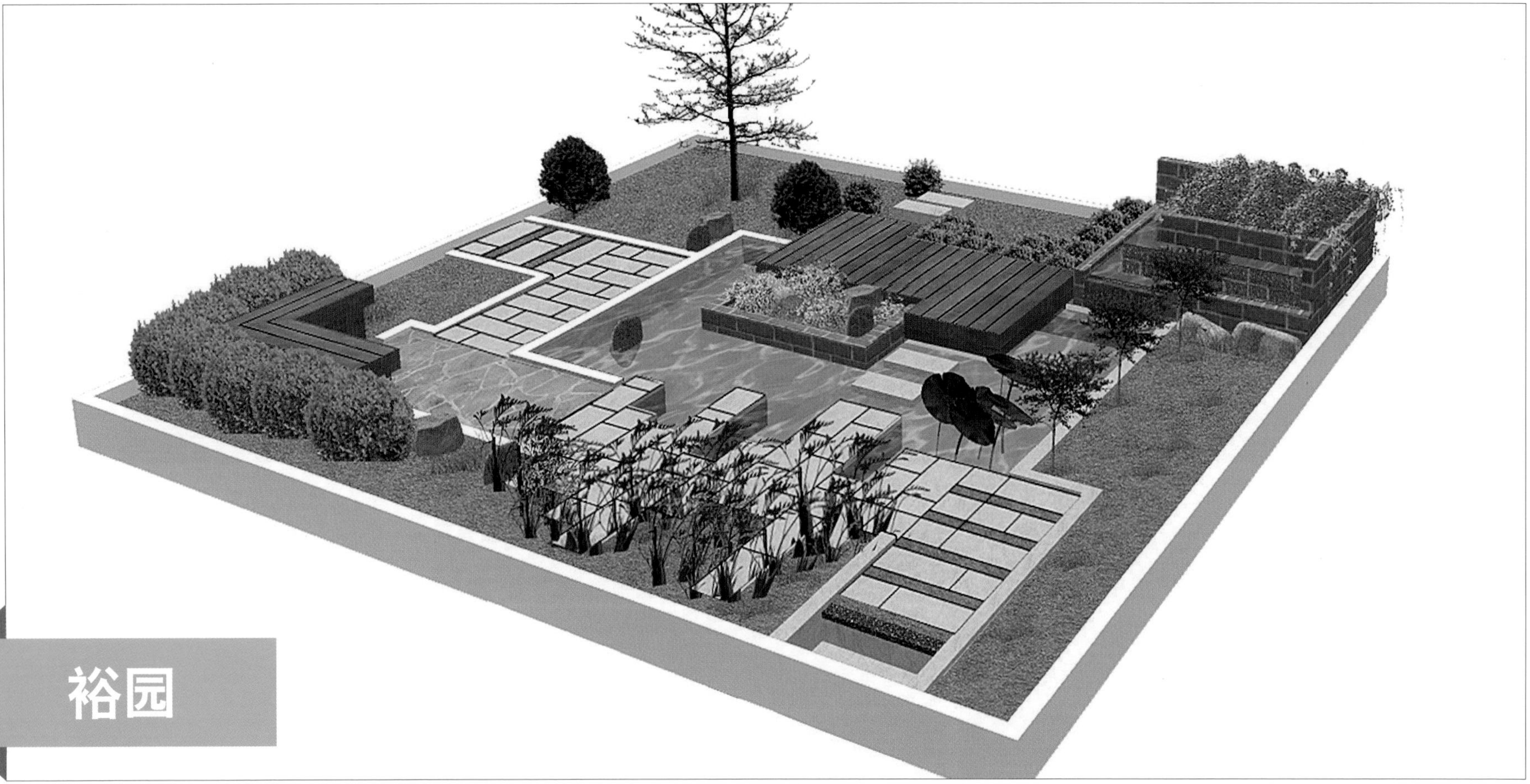

裕园

作者介绍 ABOUT THE AUTHORS

於锦

女，就读于安庆职业技术学院。

王清

女，安庆职业技术学院2017级园林技术专业学生。

指导老师 GUIDANCE TEACHER

唐长贞

女，安庆职业技术学院教师，高级工程师，注册监理工程师，教授，安徽省教学名师。有18年事业单位和10年专任教师工作经历，作为主要技术人员参与完成的项目曾获得“中国人居环境范例奖”和安徽省优秀规划设计等奖项。

作品介绍
INTRODUCTION TO WORKS

本园以开放、包容、共同发展、共同富裕为主旨，展现“一带一路”中的大国形象。入口可以看到迎春花，从花坛上飘出几枝落到水面，表达欢迎、开放的寓意。坐在木凳向中心望去，就看到了小园的心思。以花坛砌筑为背景，亲水平台及汀步为纽带，循环式的跌水与中心水池相连达到连贯性，寓意是将国与国串联起来，达到开放、共同富裕的目的。其中独特静美的微景观为小园增加一丝新意，同时又不失其本身的独特性。

作品点评 COMMENTS ON WORKS

从入口到主景跌水组合花坛之间，利用驳岸花坛、木平台及特定植物作为前景和过渡，运用循环水景需求的亲水平台水岸和汀步进行连接，较好地实现了“一带一路”的设计主题。整体构图只用了“矩形”元素，但灵活组合了不同尺度、材质和竖向高度的矩形景观，表现手法丰富，从另一个角度含蓄地点出了花园的主题。

镜天 · 潺水

作者介绍
ABOUT THE AUTHORS

燕超

男，北京人，就读于北京农业职业学院园林技术专业。

李欣宇

男，北京人，就读于北京农业职业学院园林技术专业。

作品介绍
INTRODUCTION TO WORKS

此园是一个和谐、包容、具有强烈自然景观特征的花园。花园整体布局采用流畅的锦带状水系包围园子中心景观的形式，营造出置身于自然山水之间的感觉，活泼生动。在景观元素上，多采用“圆”这一元素，意味着圆满、团圆。入口以古代铜币式铺装与山状障景结合，再加以月季花墙，体现了中式特色，使园子内部的美丽景色渐渐显露，做到步移景异，让人们在环形园路上细细观赏“丝绸之路”上的美景。在植物配置上，主要选用寓意着和谐美好的月季花，再配以乔木、灌木、象征着自强不息的金鸡菊与寓意美好的百子莲等绚丽草花，营造出“丝绸之路”途中的艳丽景色。

指导老师 GUIDANCE TEACHER

李玉舒

女，2006年毕业于北京林业大学园林植物与观赏园艺专业，博士，副教授，现任北京农业职业学院园艺系园林技术专业副主任，主讲“园林植物基础”“园林植物造景技术”等课程。先后获得全国农业职业院校信息化教学设计大赛一等奖等各类教学比赛和教学成果奖15项，发表学术论文20余篇，获得专利2项。

作品点评 COMMENTS ON WORKS

《镜天·潺水》整体布局流畅，在景观元素上运用“圆”这一元素，意味圆满、团圆。在植物配置上选用寓意和谐美好的月季、象征自强不息的金鸡菊和寓意美好的百子莲等植物，营造“丝绸之路”途中的艳丽景色，使人们在镜天与潺水之间体验到充满趣味、色彩艳丽的“丝绸之路”景色。

齐鲁思未了

作者介绍
ABOUT THE AUTHORS

连佳程

男，就读于晋中职业技术学院园林工程技术专业。

郭斌斌

男，就读于晋中职业技术学院园林工程技术专业。

作品介绍
INTRODUCTION TO WORKS

此次设计由汉字“平”变化而来，配以多彩的花卉植物、高大的乔木和叠水、水池，表达了对“一带一路”中各国团结互助、和平发展的美好祝福，希望各国用和平友好的方式共同发展进步。此次设计既注重整体的规划，又注重局部景观的艺术魅力。

指导老师 GUIDANCE TEACHER

王学府

男，晋中职业技术学院教师，主要从事景观设计方面的教学与社会服务工作。在学院成立了学府景观设计工作室，通过工作室的建设，积极向行业先进学习，不断实践与检验团队服务能力。

作品点评 COMMENTS ON WORKS

该设计以传承齐鲁文化立意，展现了多彩的庭院空间。黑白相间的铺装和踏步的虚铺结合形成环路，以精致的植物配置打造动静结合的休憩空间，展现出创作者独特的意境和匠心。

共筑锦绣丝路，追梦如意花海

作者介绍 ABOUT THE AUTHORS

梁伟劲

男，汉族，现就读于广东科贸职业学院园林园艺学院风景园林设计专业。

作品介绍 INTRODUCTION TO WORKS

利用丰富多彩的花卉植物形成花海，主景部分设计有圆形涌泉水池，寓意生生不息的源泉。水景采用高差设计，水流跌落入一对称水池，结合对称花池组成规则式的西方庭院一景；另一侧入口利用花架框景谱画出绿意盎然的东方画卷。水池外沿的环形园路连同木平台、汀步组成一把特殊的“钥匙”，寓意开启东西方文明的互通之路，共同构筑美好多彩的绿色“新丝绸之路”。铺装利用地形高差，园路撒铺透水石料、搭设木平台等，配合植物营造生态节水的庭院景观，更呼应主题中的“追梦如意花海”，构筑生态、和谐、美好的生活。

指导老师 GUIDANCE TEACHER

陈婷

女，汉族，华南农业大学林学院园林植物与观赏园艺专业硕士研究生毕业，讲师，现任广东科贸职业学院园林园艺学院园林工程技术专业教师。主要研究方向为园林规划设计、植物造景设计。2014年参加由广东省总工会举办的广东省第二届高校青年教师教学竞赛，获教学竞赛二等奖（自然科学应用学科类），同年获“广东省职工经济技术创新能手”称号。

作品点评 COMMENTS ON WORKS

该方案以“钥匙”图案为设计创意，两个出入口以规则式水景和花架写意框景手法象征东西方文化，从不同角度去呼应“一带一路”设计主题，构图清晰，整体性强，并且充分利用层次化片植花卉植物，反映“丝绸之路”的繁华锦绣，在简洁构图中突显活泼之趣。

平畴园

作者介绍
ABOUT THE AUTHORS

荆璇

女，毕业于内蒙古农业大学风景园林专业。现就职于北京景园人园艺技能推广有限公司，任景观设计师。

作品介绍
INTRODUCTION TO WORKS

应大赛要求，以“丝路花语，锦绣中华”为设计主题，以“平畴园”为方案名称。平畴意为平坦的土地，寓意开放包容、合作共赢的发展态度，在“一带一路”上还有更广阔的美好前景。“一带一路”倡议的是开放包容的态度，体现了世界各国合作共赢的精神。本设计以弧线和直线相结合，表示天地方圆皆可和谐共生；用铺装和花结合，体现“丝路花语”主题；跌水用不同的高低差来丰富竖直空间。

作品点评 COMMENTS ON WORKS

设计手法老练，效果表现很好，虚与实结合。景观合理性有待考究，布局方面可以设计得更有张力一些，但不建议有太多弧度。

丝路繁花 · 姹紫嫣红

作者介绍 ABOUT THE AUTHORS

乔程

女，北京市园林学校园林专业教研组长，主要负责园林专业教学和专业建设工作。

郭蕾

女，毕业于华中农业大学园艺专业，高级园林工程师、二级建造师。

作品介绍 INTRODUCTION TO WORKS

作品主要表达通过“一带一路”建设，促进沿线国家和地区共同发展、共同繁荣的内涵。整个作品围绕陆、海两条线路展开，通过围合式园林形成统一整体。东侧入口广场采用圆形图案，表示包容、团结、共享，是“一带一路”的起点，陆、海两条线路由此分开。北侧，通过象征“陆上丝绸之路”的矮墙和碎拼园路由东向西到达西侧广场，即“丝绸之路”的终点。矮墙名曰“丝路印记”，碎拼园路营造出了古代穿越沙漠的氛围。南侧，汀步代表“新海上丝绸之路”，以水池渲染，并通过圆形点状绿地表示经过的国家和地区。在植物配置上采用各区域特色植物，很好地表现了环境景观，也能体现出地域风格，更表达了“东西共融、百花齐放、共同繁荣”之寓意。

作品点评
COMMENTS ON WORKS

作品特色鲜明，主题表达充分，造园要素安排合理，植物种类多样，整体令人赏心悦目、心旷神怡。作品构思主要围绕“一带一路”陆、海两条线路展开，通过形状丰富的铺装、材质多样的园路、动静结合的水面、错落有致的矮墙、合理配置的植物等要素展现了沿线国家的特色、历史与风貌，表达了共同发展的美好愿景。作品不足之处是，因追求线路图的完整，园中出现一些构图上的不协调，如水池形状稍显生涩，水边平台尺寸较小，矮墙和园路的处理稍显简单。

丝路“辛”语

作者介绍
ABOUT THE AUTHORS

李欣宇

男，北京人，就读于北京农业职业学院园林技术专业。

燕超

男，北京人，就读于北京农业职业学院园林技术专业。

作品介绍
INTRODUCTION TO WORKS

相互交叠的干垒花池、清澈的水面、船帆形状的景墙，象征着“新海上丝绸之路”的美好景色。“陆上丝绸之路”通过曲折的园路、木栅栏、风车展现其艰辛，也渲染了沿途壮美的风景。在植物配置上，西北角栽植紫叶李，起到遮阴和挡风的作用；东南角栽植对节白蜡，与其构成植物配置的骨架。运用西洋滨菊、千鸟花、大叶黄杨等搭配出层次丰富的花境，形成季相景观。西南侧岩石园与花境共同构成了静中有动的时空变化。随着移动视线越来越广，视野越来越开阔，也体现了各个国家在“丝绸之路”中相互帮助、“步步为营”的美好景象。

指导老师 GUIDANCE TEACHER

于玲

女，毕业于北京林业大学园林植物与观赏园艺专业，党员，硕士，现任北京农业职业学院园艺系园林技术专业教师，讲师。讲授“花卉生产与营销”等课程，指导学生获得“国手杯”设计赛“入围奖”2项，其他获奖3项。主持参与课题多项，发表录用论文8篇（次），参编《农业观光植物识别》。

作品点评 COMMENTS ON WORKS

丝路“辛”语，锦绣中华。园中清澈水面及船帆样景墙寓示着“新海上丝绸之路”的美好风景。中间及北面的旱溪、曲折的园路折射出“陆上丝绸之路”的艰辛，也渲染了沿途壮美的风光。多样化配置形式及植物品种的应用，体现了层次丰富的植物景观，也表达了各国文化交融、和谐共处之意。

世界技能大赛园艺项目

世界技能大赛园艺项目是一个团队项目，每参赛组由2名选手组成，比赛要求他们在规定的22小时内配合，按照编制好的图纸和计划，使用工具对材料进行制作、安装、布置和维护，完成5个模块的施作并让各模块有机结合，组成一件园艺作品。

世界技能大赛园艺项目图纸设计

每届世界技能大赛园艺项目图纸，由竞赛主办方、首席专家以及赛场场地经理指派，方案构思需根据比赛城市可取材料和评分细则标准，完成一个包含砌筑、铺装、木作、水景、植物造景的30～50米^{2}的园艺区域设计。

世界技能大赛园艺项目中国参赛历程

2017年，我国参加第44届世界技能大赛园艺项目，首次参赛的中国代表队突破园艺项目奖牌零纪录，摘获铜牌。

2019年，我国参加第45届世界技能大赛园艺项目，中国代表队获得优秀奖。

2021年，第46届世界技能大赛园艺项目将在我国上海举办。

附录一：第44届世界技能大赛园艺项目 · 阿布扎比

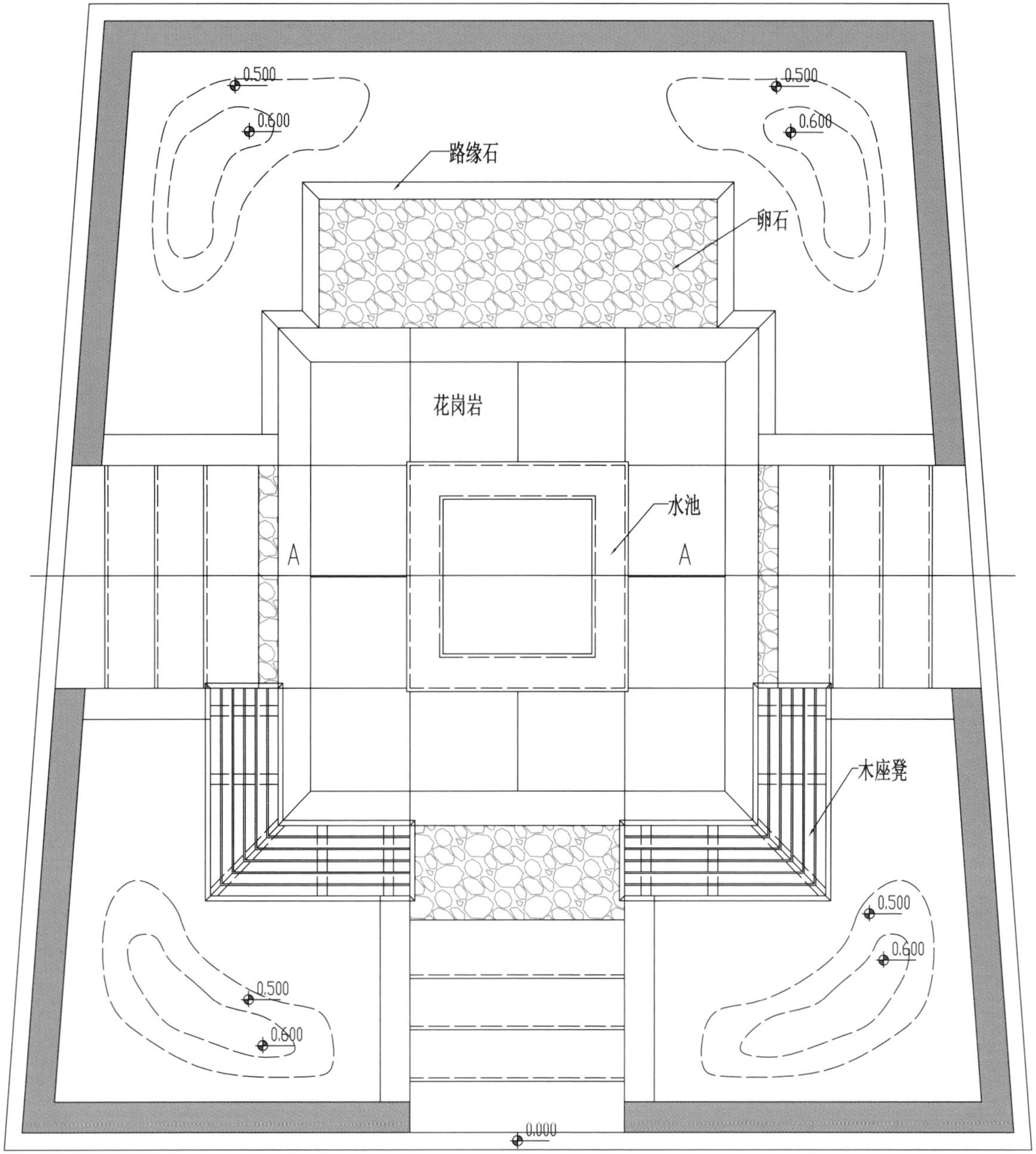

0.500
0.600
0.500
0.600
路缘石
卵石
花岗岩
水池
A
A
木座凳
0.500
0.600
0.500
0.600
0.000

附录二：第45届世界技能大赛园艺项目 · 喀山

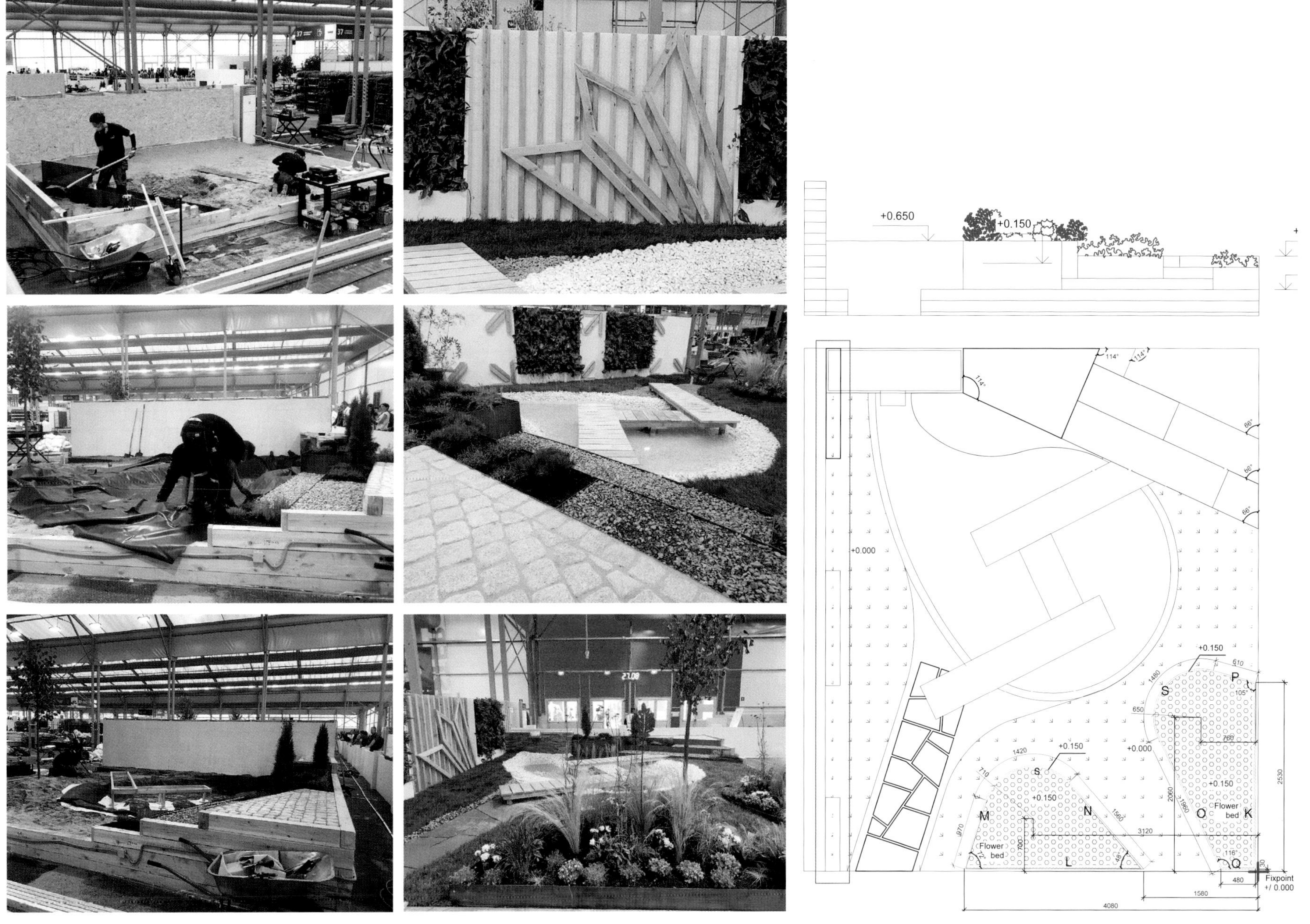
+0.650
+0.150
+0.000
+0.150
+0.150
+0.150
+0.000
Flower bed
Flower bed
Fixpoint +/ 0.000
4080
1580
3120
2530
480

图书在版编目（CIP）数据

全国园林景观设计大赛获奖案例解析图鉴·园林国手杯 / 李夺主编．—北京：中国农业出版社，2021.4
ISBN 978-7-109-27291-0

Ⅰ．①全… Ⅱ．①李… Ⅲ．①景观－园林设计－作品集－中国－现代 Ⅳ．①TU986.2

中国版本图书馆CIP数据核字(2020)第171552号

中国农业出版社出版
地址：北京市朝阳区麦子店街18号楼
邮编：100125
策划编辑：王庆宁
责任编辑：王庆宁　刘昊阳
责任校对：吴丽婷
印刷：北京缤索印刷有限公司
版次：2021年4月第1版
印次：2021年4月北京第1次印刷
发行：新华书店北京发行所
开本：889mm×1194mm　1/16
印张：14.25
字数：340千字
定价：98.00元
